企業人・大学人のための
知的財産権入門
―特許法を中心に―

第3版

廣瀬隆行 著

東京化学同人

まえがき
―― 第 3 版の刊行にあたって ――

　知的財産権入門 第 2 版が 2011 年に出版されました．おかげさまで，同書は，多くの大学での講義に用いられたほか，知的財産担当の方々に受入れられました．本書の当初の目的は，実際に知的財産関連の実務に触れる際に必要となる情報を，法律書としてではなく，実務者の視点でわかりやすく解説した書を提供したい，というものでした．その目的が達成されたことに，心から嬉しく思っております．

　第 2 版が出版された 2011 年以降，特許法をはじめとして知的財産権法は，毎年法改正が行われました．また，トヨタ自動車の燃料電池自動車に関する特許開放など，企業が知的財産を戦略的に扱う事例が増えました．技術系企業への投資や上場前に，知的財産に関するデューディリジェンスが多く行われるようになりました．いわゆる，プロダクト・バイ・プロセス・クレームに関する最高裁判例が出され，機能性食品などに関する審査基準の改訂もありました．企業経営者および従業員に関心がある事項としては，職務発明規定が大幅に改正され，新しい職務発明規定に基づいた社内規定の整備や，従業員との協議などが求められることとなりました．

　上記のような知的財産を取巻く大きな変動について，第 3 版ではできる限りわかりやすく，実務者の視点での解説を試みました．また，法改正により，古くなってしまった記載は，法改正に対応して改訂を行いました．本書が，知的財産を学ぶ学生や，知的財産に携わる方々のお役に立てることを願っております．

　本書の執筆にあたり，東京化学同人の石田勝彦氏，杉本夏穂子氏にはお世話になり，この場を借りて感謝申し上げます．

2018 年 3 月

廣 瀬 隆 行

なお，本書は，筆者の個人的な見解・知見からみた事柄を記載したものであり，所属団体などとは何ら関係がありません．また，本書はわかりやすく説明するという観点から，説明をあえて省いたところがあります．また，知的財産権法は毎年のように改正がなされています．よって，実際に何らかの手続きなどを行う場合は，本書のみならず現行法などを確認した上で慎重に行うようにしてください．

目　次

第1章　知的財産権法を学ぶために ……………………………………… 1
1・1　知的財産権法とは …………………………………………………… 1
・知的財産権法の目的 …………… 1 ・なぜ知的財産権法を学ぶのか … 2
1・2　知的財産権法を学ぶ前に …………………………………………… 4
・憲法，法律，命令など ………… 4 ・判　例 …………………………… 8
・条　約 …………………………… 6 ・判例公刊物 ……………………… 8
・特許庁と裁判所 ………………… 6
1・3　用語の確認など ……………………………………………………… 9
・条文の読み方 …………………… 9 ・知的財産権法を
・要件と効果 ……………………… 10 　　学ぶ上での常識 ……………… 10

第2章　特許権を取得する ………………………………………………… 14
2・1　発明とは ……………………………………………………………… 14
・どのようなものが発明か ……… 15 ・発明に該当しないものを
・発明のカテゴリー ……………… 18 　　出願すると …………………… 19
2・2　特許をとるまでの過程 ……………………………………………… 19
・特許付与までの基本的な流れ … 20 ・実体審査への対応 ……………… 22
2・3　特許をとるための要件 ……………………………………………… 25
・産業上利用できる ・進歩性 …………………………… 32
　　発明について ………………… 25 ・先願主義 ………………………… 35
・新規性 …………………………… 25 ・拡大された先願の地位 ………… 36
・新規性喪失の例外： ・特許を受けることが
　　学会発表しても特許を 　　できない発明 ………………… 37
　　受けられる場合 …… 30 ・その他の拒絶理由 ……………… 38

- 2・4 特許にかかる費用 …………………………………………… 38
  - ・出願から特許されるまでにかかる費用 ……… 38
  - ・特許後にかかる費用 ………… 41
  - ・特許出願の費用対効果 ……… 42
- 2・5 誰が発明者か? ……………………………………………… 42
  - ・特許法では ………………… 42
  - ・発明者についての通説・判例 … 43
  - ・現実には …………………… 44
  - ・発明者の住所または居住 …… 44
  - ・ラボノート ………………… 45
- 2・6 拒絶理由への対応 …………………………………………… 47
  - ・前提 ………………………… 48
  - ・新規性がないと判断された場合の意見書 … 48
  - ・進歩性がないと判断された場合の意見書 … 50
  - ・補正書 ……………………… 50
  - ・補正の内容 ………………… 51
  - ・分割出願 …………………… 55
  - ・分割出願の内容 …………… 55
- 2・7 国内優先権制度 ……………………………………………… 57
  - ・優先権とは ………………… 58
  - ・国内優先権制度の内容 …… 59
- 2・8 拒絶査定不服審判について ………………………………… 62
  - ・拒絶査定不服審判の流れ …… 62
  - ・審査前置制度 ……………… 64
  - ・拒絶査定不服審判の審理 …… 64
- 2・9 ビジネスモデル特許 ………………………………………… 66
  - ・ビジネスモデル特許の出願・審査状況 ……… 66
  - ・特許にならないビジネス関連発明の事例集 … 66
  - ・ビジネス関連発明とコンピュータ・ソフトウェア関連発明 … 67
  - ・ビジネスモデル特許の実例 … 68
- 2・10 医薬用途発明 ………………………………………………… 69
- 2・11 食品の用途発明 ……………………………………………… 70
- 2・12 プロダクト・バイ・プロセス・クレーム ………………… 71
- 2・13 特許異議申立制度 …………………………………………… 71
  - ・復活した特許異議申立制度 … 71
  - ・特許異議申立人 …………… 72
  - ・特許異議申立ての審理 …… 72
  - ・訂正請求 …………………… 73
  - ・不服申立て ………………… 73
  - ・特許異議申立制度を踏まえた特許戦略について … 73

第3章 特許公報の読み方，出願書類の書き方 … 74

3・1 特許公報の種類と読み方 … 74
- 国内の特許公報 … 74
- 国際公開公報 … 77
- 書誌的事項の識別コード … 80
- 公報の読み方 … 80
- サーチレポートの読み方 … 81

3・2 特許調査 … 81
- 先行特許文献調査 … 82

3・3 特許請求の範囲の書き方 … 84
- 特許権の効力範囲 … 84
- 新規性・進歩性などの審査対象 … 85
- 特許請求の範囲の記載について … 85
- 特許請求の範囲の想定例 … 87

3・4 明細書・図面の書き方 … 89
- 明細書の役割 … 89
- 明細書の記載要件 … 89
- その他の留意点 … 94
- 図面の書き方 … 95
- 要約書の書き方 … 96

第4章 特許の利用 … 97

4・1 特許と業績：田中耕一氏のノーベル賞受賞と特許 … 97
- ノーベル賞受賞発明と関連する田中氏の特許 … 98
- 特許は技術の発展を妨げるか … 101
- 特許と業績の関係 … 103

4・2 職務発明 … 104
- 従業者が企業から対価を請求できる理由 … 104
- 職務発明とは … 105
- 相当の利益 … 105
- 合理的な相当の利益の内容 … 106

4・3 ロイヤルティ収入 … 108
- 実施許諾（ライセンス）… 108
- 仮実施権 … 110

4・4 知財DD（デューディリジェンス）… 110
- 知財DDの概要 … 110
- おもな調査条項 … 111

4・5 パテント・トロール … 113
- NPE（non-practicing entity：非実施主体）… 113

4・6 オープン＆クローズ戦略 … 113
- オープン・クローズ戦略 … 113
- オープン＆クローズ戦略 … 114

第5章　特許権侵害訴訟 …… 116

5・1　特許権の発生・消滅 …… 116
- 特許権の発生 …… 116
- 特許権の消滅 …… 118
- 特許権の移転 …… 118

5・2　特許権の効力 …… 118
- 特許権の効力とは …… 118
- 均等論とは …… 124

5・3　特許権侵害事件 …… 127
- 特許権侵害事件でのやりとり …… 127
- 訴　訟 …… 128

5・4　民事上の救済 …… 129
- 民事上の救済手段 …… 129
- 刑事罰の適用 …… 131
- 仮処分 …… 131

5・5　特許無効審判 …… 132
- 特許無効審判制度の概要 …… 132
- 延長登録無効審判 …… 135

5・6　訂正審判 …… 135
- 訂正審判の内容 …… 135
- 訂正認容審決確定の効果 …… 137

5・7　先使用権など …… 137
- 先使用による通常実施権 …… 137

5・8　補償金請求権 …… 139
- 補償金請求権とは …… 139

5・9　試験または研究のための実施 …… 140
- 特許法上の規定 …… 141
- 消　尽 …… 143
- 試験または研究のための実施とは …… 142
- その他 …… 143

第6章　外国出願 …… 144

6・1　パリルート …… 144
- パリ条約 …… 144
- 優先権主張の効果 …… 147
- パリルートの概要 …… 145
- 複数優先・部分優先 …… 148
- 優先権主張出願できる種類 …… 146
- 優先権主張手続き …… 149
- 優先期間 …… 146
- 国内優先権主張出願とパリ条約 …… 149

6・2　特許協力条約（PCT） …… 150
- 特許協力条約（PCT）に基づく国際出願の概要 …… 150

- ・国際出願をするには ……… 151
- ・国際調査制度と 19 条補正 …… 151
- ・国際公開 ………………… 152
- ・国際予備審査制度と 34 条補正 … 153
- ・国内段階への移行手続き ……… 154

6・3　米国出願 …………………………………………………………… 155
- ・米国出願するにあたって …… 155
- ・米国特許出願の概略 ………… 156
- ・米国出願の留意事項 ………… 160

6・4　ヨーロッパ特許条約（EPC）………………………………………… 163
- ・EPC への移行 ……………… 163
- ・EPC での手続き …………… 164
- ・各国で特許権を取得する …… 164

第 7 章　知的財産権法 …………………………………………………… 165

7・1　実用新案法：早く権利を得られる実用新案 ………………………… 165
- ・実用新案法の保護対象 ……… 166
- ・出願から登録までの流れ …… 166
- ・登録後 ………………………… 169
- ・権利行使 ……………………… 170

7・2　意匠法 ………………………………………………………………… 176
- ・意匠とは ……………………… 176
- ・意匠権が発生するまでの流れ … 176
- ・意匠独特の制度 ……………… 178
- ・新規性喪失の例外 …………… 180
- ・意匠権の効力 ………………… 181
- ・意匠法以外の
　　　デザインの保護制度 …… 181

7・3　商標法 ………………………………………………………………… 181
- ・ブランド化 …………………… 182
- ・商標とは ……………………… 182
- ・商標権を取得する
　　　メリットは何か ………… 185
- ・商標権を
　　　取得するためには ……… 187

7・4　不正競争防止法：営業秘密について ………………………………… 197
- ・不正競争防止法について …… 198
- ・どのような情報が
　　　営業秘密か ……………… 199
- ・適用除外 ……………………… 200
- ・営業秘密侵害罪 ……………… 201
- ・周知表示混同惹起行為 ……… 201
- ・著名行為冒用行為 …………… 202
- ・商品形態模倣行為 …………… 202
- ・誤認惹起行為
　　　（原産地等誤認惹起行為）…… 202
- ・信用棄損行為
　　　（虚偽事実の告知・流布行為）… 203
- ・信用回復措置請求権 ………… 203

7・5 著作権法 …………………………………… 203
　・著作物 ………………… 203
　・著作者 ………………… 206
　・著作者の権利の内容 ………… 207
　・制限規定：私的使用と
　　　　　引用について …… 211
　・保護期間 ………………… 215
　・登録制度 ………………… 216
　・出版権 ………………… 216
　・著作隣接権 ………………… 217

7・6 種苗法に基づく品種登録制度 …………………………… 218
　・種苗法 ………………… 218
　・品種登録出願から登録まで …… 218
　・職務育成品種 ………………… 220
　・育成者権 ………………… 220
　・育成者権の例外 ………………… 221

7・7 弁理士法 …………………………………… 221

索　引 …………………………………… 223

コ ラ ム

知的財産高等裁判所 …………………………………… 7
判決番号と事件番号 …………………………………… 13
出願審査請求料について …………………………………… 39
補正できる範囲について …………………………………… 54
優先権が認められる範囲とは… …………………………………… 61
カリクレイン事件 …………………………………… 121
サンゴ事件 …………………………………… 127
おむすび事件（実用新案侵害訴訟の例） …………………………………… 175
商標の"シャネル"を試験問題に記載できるか …………………………………… 197
経済スパイ法（economic espionage act of 1996） …………………………………… 198
法政大学懸賞論文事件 …………………………………… 209
レポートや論文にインターネット上の情報をコピーする …………………………………… 215

1

知的財産権法を学ぶために

1・1 知的財産権法とは

1・1・1 はじめに

"知的財産"という言葉が，新聞などでも盛んに用いられています．では，"知的財産"とは，どのようなものを意味するのでしょうか．図1・1は，知的財産権法の種類を説明したものです．ここに示されるとおり，**知的財産権法**は，**産業財産権法**（従来は工業所有権法とよばれた），**不正競争防止法**，および**著作権法**などから構成されます．

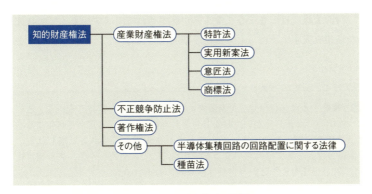

図1・1　知的財産権法の種類

1・1・2　知的財産権法の目的

知的財産権法は，**無体財産法**ともよばれます．つまり，知的財産権法は，創作など"形のないもの"に保護価値を見いだして，財産として保護する法律なのです．

産業財産権法の目的は，産業財産権の保護と利用を通じて，**産業の発達**に寄与することにあります．このように，法律が達成しようとする目的を**法目的**とよびます．産業財産権法は，発明者や第三者の利益などを調整しながら，産業の発達を図ることを法目的とします．そのためのルールが，条文という形になって現れているのです．一方，産業は日々変化します．この産業の変化に応じた，ふさわしいルールであり続けるために，産業財産権法は毎年のように法改正がなされています．なお，不正競争防止法は"国民経済の健全な発展"を目的とし，著作権法は"文化の発展"を目的とします．

1・1・3 なぜ知的財産権法を学ぶのか

a．学生・研究機関の研究者　最近では，特許出願も研究業績の一つとして考えられるようになってきました．また，ベンチャー企業を創業する研究者も増えていますが，このときに独創性のある技術を守り，大企業の参入を防ぐためにも特許を取得していることが有効になります．なお，特許出願には費用がかかりますが，企業などと共同で出願したり，**大学技術移転機関**（technology licensing organization，**TLO**）などの協力をうまく得ることで，研究者が費用を負担せずに出願することも可能です．研究内容について特許を取得し，企業などにその特許発明を実施させて収入を得ることで，研究環境の向上に役立てることができます．

また，特許公報には，さまざまな工夫が開示されています．よって，特許公報から必要な情報を入手すれば，より適切な研究開発を行うことに役立てることもできます．

> **メモ**　"特許"とは，行政処分であるため，"特許をとる"，"特許を得る"という言葉は，法律的には正しくない．しかし，それらの用語は，日常よく目にする言葉であり，法律を専門としない人にとってわかりやすい文言であると思われる．そこで，本書では，あえてそれらの文言を使用することにした．なお，特許権は権利なので，"特許権を得る"という言葉は法律的にも正しい．

b．経営者・知的財産部　製造業のみならず，金融業やサービス業を含めたあらゆる産業分野で特許や商標などが取得されています．研究開発費を投じた創作を他人の模倣などから守り，市場における自社の優勢性を確保するためにも，特許権などを適切に取得する必要があるのです．

逆に他社の特許権などを侵害すると，製造販売を禁止される場合や，多額の損害賠償を支払わなければならなくなる場合があります．たとえば，以下の事例の場合，損害賠償がいくらと認定されるのでしょうか．

```
事　例（損害賠償）
　特許権者                        侵害者
　　製品の価格 …… 30万円/個      製品の価格 ………… 20万円/個
　　利　益 ………… 15万円/個      利　益 ……………… 10万円/個
　　販売数 ………… 10万個        販促品（無料配布）…… 1万個
                                販売数 ……………… 5万個
```

特許権侵害に対する損害賠償の額を算定することは，とても難しいのですが，特許法には，以下の算定ルールがあります（特102条1項[*1]）．

$$\begin{bmatrix}特許権者の\\単位数量当たりの利益額\end{bmatrix} \times \begin{bmatrix}侵害者側の\\譲渡数量\end{bmatrix} - \begin{bmatrix}特段の事情\end{bmatrix} \cdots\cdots (\mathrm{I})$$

式(I)に，上記の事例を当てはめると，特許権者が製品を販売できなかった特段の事情がない場合，損害賠償の額は，以下のようになります．

$$15万円 \times (1万 + 5万) = 90億円$$

上記の事例では，侵害者が50億円の利益をあげたのに対し，支払わなくてはならない損害賠償の額が90億円とされます．すなわち，特許権を侵害した状態で事業を進めれば，商品が売れれば売れるほど，侵害者は自らを苦しめる結果に陥るのです．現実に日本でも約84億円の支払いを認めた事件があります．

また，会社の商号や製品の名前を他社が勝手に使う事態を**商標権**などにより防止する必要があります．製造業などでは，**ノウハウ**が会社の魅力の一つになっています．このノウハウが流出しないよう，**営業秘密**として管理する必要があります．

c．企業の従業員　最近では，新入社員全員に知的財産権法に関する教育を行う企業も多くなっています．企業にとって，知的財産権が経営上とても重要になってきたからです．特に製造業は，多くの特許出願をします．知的財産の重要性や出願書類の意味を把握していれば，発明を適切に提案できるようになります．

[*1] 特許法102条1項は，平成10年の特許法改正により導入された規定である．

1・2 知的財産権法を学ぶ前に

1・2・1 はじめに

本節では，知的財産権法を学ぶ前提として，理解しておくことが好ましい法律の基本的な仕組みなどを説明します．

1・2・2 憲法，法律，命令など

a. 憲法 日本国憲法は，日本の最高の法規であり，法律ではなく，法律の上位にあるものです．憲法に反する国内法は，効力を有しません（憲法98条1項）．憲法は，国家の基本法ですから，知的財産権法を学ぶ上でもたびたび憲法が登場します．たとえば，特許庁での処分に不服があれば，裁判所に訴えることができますが，これは，憲法が認める裁判を受ける権利（憲法32条および同82条）に基づきます．なお，特許権などの財産権は，憲法が認める人権の一つです．よって，特許権を侵害することは，人権侵害につながります．

b. 法律 特許法などの**法律**は，憲法の範囲内で，国会が所定の手続き（憲法59条）に基づいて作成したものであり，一般的・抽象的な法規範です．法律は，"成立"した後に**公布**され，国民にその内容を周知する"周知期間"を経た後に**施行**され，これにより効力が発生します[*2]．ただし，**法律不遡及**[*3]の原則があり，法は施行日から将来に向かってのみ効力が生じ，施行以前に起こった事柄についてはさかのぼって適用されないのが原則です．

なお，法改正が行われた場合，法改正後の規定がいつからどのように適用されるかといった**経過措置**や**施行期日**は，附則に規定されます．

不特定の人や事柄などについて適用される法を"一般法"とよび，特定の人や限定的な事柄について適用される法を"特別法"とよびます．特許法などの特別法の内容と民法などの一般法の内容とが矛盾することがあれば，特別法の内容が優先されます．これを**特別法は一般法に優先する**といいます．一方で，一般法に規定されているものの中には，特許法などの特別法に規定されていないものもあります．たとえば，特許権を侵害すると損害が発生します．しかし，特許法には，損害賠償請求権の根拠となる条文がありません．この場合，民法709条に規定する不法行為に

[*2] なお，弁理士試験は，その受験の年の4月1日に施行されている法律が試験の範囲となる．

[*3] "遡及"とは，さかのぼって有効となることを意味する．

よる損害賠償請求権に基づいて訴訟を提起することができます．

c．命令 行政機関が定める法を**命令**とよびます．そのうち，内閣が出すものを**政令**とよび（憲法73条6号），各省の大臣が出すものを**省令**とよびます[*4]．政令は，省令の上位にあります．上記のとおり，法律を制定・改廃する場合は，国会議員による議決が必要となります．このような手続きは必ずしも容易ではありません．そこで，基本的な枠組みなどを法律で定め，実際の運用に応じて，迅速かつ機動的に対応することが好ましいような事柄は命令により定めることが多いのです．

d．法令 法律と命令とを併せて（狭義の）**法令**とよびます．法令によっては，文章よりも表を用いて示した方がわかりやすいものがあります．このような場合，本体の条文の後に表により法令の内容が示されることがあり，"別表"とよばれます．知的財産権法の**法令集**が販売されていますが，特許法などの法律のみならず，省令などの命令も掲載されています．

図1・2　法律と命令の関係

> **メモ** 法令ではないが，実務では，**審査基準**も参考にされる．審査基準は，特許庁が法令の解釈や運用などについて統一的な取扱いをするために公表したものである．したがって，審査官や審判官に対して大きな影響力をもつ．
>
> しかし，審査基準は法令ではないため，法的拘束力[*5]をもたない．そのため，審査基準は裁判官を拘束しないので，裁判所が審査基準と異なる判断をすることがありうる．また，裁判所が審査基準と異なる処分を下した場合でも，それ自体はなんら違法性がない．
>
> 特許庁における処分について不服があれば，裁判所で違法性が争われることとなる．よって，仮に特許庁が判例に反する処分をしても，結局は裁判所で特許庁の判断は覆されることになる．そのため，審査基準は，基本的には判例を踏まえて作成されている．

[*4] なお，命令には，政令・省令のほかに内閣総理大臣が内閣府の長として出す府令がある．
[*5] ここでいう"拘束"とは，身体を縛り付けるという意味ではない．何かに従って判断しなければならないことを"拘束"という．

1・2・3 条　約

　工業所有権の保護に関するパリ条約，特許協力条約（**PCT**），貿易関連知的所有権に関する協定（**TRIPS協定**）など，知的財産権法に関連する多数の条約があります．条約は国家間の合意であり，所定の外国と日本との関係について規定しています．そのため，たとえば，パリ条約には優先権制度というものがありますが，日本への出願に基づくパリ条約上の優先権を主張して日本へ出願することはできません．なぜなら，条約は自国内の問題を規定するものではないからです．日本の特許法では国内優先権制度（特41条）を認めていますから，この制度を利用することで，日本にした特許出願に基づく優先権を主張して日本に出願することができます．なお，特許法などの法律に定める事項について，条約で特段の定めがある場合は，条約の規定が優先します（特26条，憲法98条2項）．

1・2・4　特許庁と裁判所

a．特許庁と裁判所の役割　　特許庁は，特許などの行政を担っています[*6]．審査官，審判官および特許庁長官は，行政機関です．特許出願や登録などに関する行政処分に不服がある場合は，行政不服審査法や行政事件訴訟法により争うことができるものがあります．また，特許などは行政処分の一種ですが，行政処分を行えるのは行政機関に限られます．

　日本国民には裁判を受ける権利がありますから，行政処分に不服があれば裁判所に訴えを提起することができます．たとえば，拒絶査定不服審判の審決などに不服がある場合は，裁判所に審決の取消しを求めて訴訟を起こすことができます．しかし，司法機関である裁判所は，特許という行政処分をすることができません．あくまで，審決が違法かどうかを判断できるだけなので，最終的には特許庁の審判官の合議体が"特許するかどうか"を判断します．裁判所が，特許に無効理由があると判断しても，特許庁での特許無効審判により特許が無効とされないかぎり，特許は有効に存続し続けます．

[*6] 行政法上，行政庁は，国など行政主体の法律上の意思を決定し，外部に表示する権限をもつ機関を意味し，行政庁は法人ではなく人（たとえば，特許庁長官）である．よって，特許庁は行政庁ではない．

b．裁判所　特許権侵害事件では，地方裁判所，高等裁判所および最高裁判所の**三審制度**がとられています．一方，特許庁の審決などに対して不服がある場合は，**審決取消訴訟**を提起することができ，この場合は，一審省略して，知的財産高等裁判所が専属管轄とされています（コラム）．

　上級の裁判所に不服を申立てることを**上訴**といいます．特に地方裁判所から高等裁判所へ上訴することを**控訴**とよび，高等裁判所から最高裁判所へ上訴することを**上告**とよびます．

　なお，裁判官や裁判官の合議体のことを**裁判所**とよびます．たとえば，判決に記載される"裁判所の判断"といえば，事件に携わった裁判官の合議体による判断などを意味します．

コラム　知的財産高等裁判所

　平成 17 年 4 月 1 日より**知的財産高等裁判所**（知財高裁）が，東京高等裁判所に特別の支部として設置されました．知財高裁は，東京高裁が取扱うとされる知的財産に関するすべての事件を取扱います．よって知財高裁は，日本における知的財産を包括的に取扱う専門の裁判所であるといえます．

　知財高裁が扱う事件には，審決取消訴訟，民事事件の控訴審などがあります．知財高裁には，所長（長官ではない）が置かれ，裁判官，**裁判所調査官**，裁判所書記官，裁判所事務官が配置されます．

　また，事案に応じて，**専門委員**（大学教授，弁理士など．詳細は，廣瀬隆行，'専門委員制度の解説と現状'，パテント，58 巻 5 号 40 頁（2005）を参照）が事件に関与することもあります．

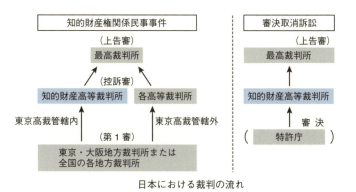

日本における裁判の流れ

1・2・5 判　例[*7]

特許法を適用するにあたって解釈が必要な場面が多々あります．たとえば，特許法29条2項は，「特許出願前に …… 発明に基づいて<u>容易に発明</u>をすることができたときは，その発明については，…… 特許を受けることができない」と規定しています．では，どのような場合に"容易"といえるのでしょう．このような規定の解釈は，その規定の趣旨や特許法の制度趣旨などを踏まえて判断されます．

裁判所が示す判断（判決または決定）は，本来その事件のためのものなので，ほかの事件に効力を有するものではありません．しかし，同じような事件について，裁判所は同じように判断することが予測され，またそのように取扱うことは法の下の平等が求めるところです．そこで，法律の解釈にあたって判例が参考となります．

ある事件について上級審の判断があれば，似た事件で下級審がそれと異なる判断をしても上級審で覆されることが予想されます．よって，下級審は，上級審，特に最高裁判所の判決を<u>先例</u>として尊重します．裁判官は法の番人であり，法に拘束されますが，先例はあたかも法規範のように機能します．そのため，特に最高裁判所の判決は，法律を理解する上でとても大きな意義をもつことになります．

1・2・6　判例公刊物

知的財産権関連の判例を知るためのおもな公刊物には，民集，無体集，および知財集があります．

a．民　集　最高裁判所の判決を紹介する記事などに"民集"と書かれていることがあります．民集とは，"最高裁判所民事判例集"を意味します．これは，最高裁判所の判決または決定のうちで，最高裁判所判例委員会によって判例として搭載する価値があるとされたもののみを収録する公式判例集です．民集に掲載された判例は，重要判例であるといえます．また，民集に搭載された判例には，必ず最高裁判所判例解説があります．

b．無体集（無体例集），知財集（知的財集）　"無体集"，"知財集"という表記を見かけることがあるかもしれません．これらは，知的財産権に関する判例を収録した公式判例集であり，それぞれ無体財産関係民事・行政裁判例集（平成2年まで），知的財産関係民事・行政裁判例集（平成3年以降平成10年まで）の略語です．

[*7]　知的財産権に関連する判例は，ある程度最高裁判所のホームページで検索できる．

> **メモ** 知的財産権に関する判決文などは，インターネットを利用すれば誰でも無料で入手できる．
> 無体集・知財集に掲載された判決や，主要な判決などは，裁判所のホームページから入手できる．

1・3 用語の確認など

1・3・1 はじめに

本節では，知的財産権法を学ぶ上で知っておきたい条文の読み方や用語などを紹介します．

法律用語は，日常用語と異なる意味に用いられる場合があります．したがって，以下の用語を理解しなければ，法律を誤解するおそれがあります．

1・3・2 条文の読み方

a．条 日本の法令は，ひとまとまりの文章に"条"という番号を付しています．そして，その条の文章である条文が集まって，法令をつくっています．条文の数を指すときは，"何か条"などといいます．また，条文が増えると，"特許法29条の2"のように，条と条との間に新しい条が設けられる場合があります．こういった条文番号を"枝番号"とよびます．

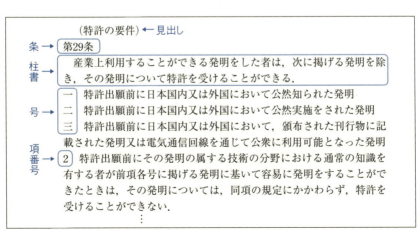

b．項 と 号　一か条に盛り込まれる内容が多いとき，条文をいくつかのまとまりに分けることがあります．その場合，それぞれのまとまりを"項"とよびます．また，いくつかのものを列記する場合，漢数字とともに"号"が列挙されることがあります．この場合，各号に属さない"各号列記以外の部分"を，俗に柱書とよびます．

1・3・3　要件と効果

法律を学ぶ上で，"要件"と"効果"を併せて理解することが大切です．たとえば，出願した発明が上記の特許法29条1項3号の規定に該当する場合，どのような法律効果が生じるでしょうか．特許法49条1項2号では，拒絶される旨が規定され，特許法123条1項2号では誤って特許されても無効とされる旨が規定されています．つまり，発明に新規性がない場合は，出願が拒絶され，誤って特許されても特許が無効にされるのです．

法律による問題解決のために法的三段論法が取られています．法的三段論法は，法規範という大前提に，事実認定という小前提を当てはめることによって，結論を導く方法です．たとえば，"特許法29条1項3号の規定に該当すれば，出願を拒絶査定する"という法規範に，"ある特許出願に係る発明は，特許法29条1項3号の規定に該当する"という事実認定を当てはめ，"出願を拒絶査定する"という結論が導かれるのです．判決文もこのようなスタイルが採用されています．

1・3・4　知的財産権法を学ぶ上での常識

知的財産権法を理解する上で常識となる用語を以下に説明します．

a．係る（かかる）　"出願に係る発明"といえば，**特許請求の範囲に記載された発明**を意味します．この点はとても重要です．そのほか，"係る"は，"〜に関する"，"〜に属する"，"〜の"などの意味にも使用されます．

b．"及び"と"並びに"　名詞や動詞を並列する場合に，"及び"と"並びに"が用いられます．並べられる語が同等の場合は，"A，B及びC"のように，及びを用います．"A，B及びC"は，AとBとCのすべてを意味します．並列される語句が三つ以上存在し，これらの語句の間に意味上の段階があるときに，"並びに"が用いられます．

たとえば，特許法67条の2第2項は以下のとおりです．

「特許権の存続期間の延長登録の出願があつたときは,第一項各号に掲げる事項並びにその出願の番号及び年月日を特許公報に掲載しなければならない。」

特許権の存続期間の延長登録の出願があったときに,特許公報に掲載されるのは,第1項各号に掲げる事項と,延長登録の出願の出願番号と延長登録出願の年月日です。"A及びB並びにC"とあれば,AとBが同じグループに属するように解釈されます。

c. **"又は"と"若しくは"** 名詞や動詞を選択する場合に,"又は"と"若しくは"が用いられます。"A,B又はC"といえば,A,B及びCのうちいずれかという意味となります。"A又はB若しくはC"という表現がある場合,BとCが同じグループに属するように解釈されます。

たとえば,特許法38条の2第1項2号(出願日の認定)は,以下のとおりです。

「二　特許出願人の氏名若しくは名称の記載がなく,又はその記載が特許出願人を特定できる程度に明確でないと認められるとき。」

"特許出願人の氏名若しくは名称"は,特許出願人の氏名,及び特許出願人の名称のいずれかを意味します。そして,"その記載"とは,"特許出願人の氏名若しくは名称の記載"を意味します。

すると,上記の規定は,特許出願人の氏名や特許出願人の名称が記載されていない場合や,特許出願人の氏名や名称の記載が一応あるものの,その記載が特許出願人を特定できる程度に明確でないと認められる場合(には,出願日が認定されない)と解釈されます。

d. **"ただし"** "ただし"は,おもに本文で定める内容から特定の事項を除外する場合に用いられます。"ただし"以降の文を**但書**とよびます。但書以外の部分を,但書と区別して**本文**とよびます。なお,"ただし"は,本文で規定する事項に対する条件を述べる場合や,一定の事項を追加する場合にも使用されます。

e. **"その他の"** "その他の"は,前に列記された事柄がその後に記載された事柄に包含される場合に使用されます。

```
                  含 有
           ┌─────────────┐
   (例)  相続 その他の 一般承継
           └──┘       └────┘
```

たとえば,特許法98条1項1号には,"相続その他の一般承継"という文言があります。**一般承継**には,相続以外にも合併による承継なども含まれますから,"相続"

は，一般承継の例示といえます．なお，一般承継に対する文言として，**特定承継**があります．

　f．"前"　　直前の条文，項または号などを示す場合には，その条文番号などを引用せずに，通常"前条"などという表現を用います．前に位置する数か条を引用する場合には，たとえば"前二条"のような表現を用います．前二条とは，その条文の前の2か条を意味します．

　g．"みなす"と"推定する"　　"みなす"とは，本来は異なる事柄についてそのように扱うことを意味します．たとえば，特許法101条では，「次に掲げる行為は，特許権又は専用実施権を侵害するものとみなす」と規定しています．すなわち，特許法101条各号に定める行為をした場合は，特許権などを侵害したものとして扱われます．そして，そのような行為をしているかぎり，特許権を侵害しないという反論はできないのです．なお，みなすことを**擬制**するともよびます．

　一方，"推定する"という場合は，反証があれば，判断が覆ることがあります．たとえば，特許法104条は，「物を生産する方法の発明について特許がされている場合において，その物が特許出願前に日本国内において公然知られた物でないときは，その物と同一の物は，その方法により生産したものと推定する」と規定しています．ですから，物の製造方法の特許権者は，侵害者が製造する物と特許製法により製造される物とが同一であることを主張立証すれば，侵害者が製造した物は，特許製法により製造されたと推定されます．これに対し，侵害者は，特許製法とは異なる製造方法でその物を製造したことを主張し，立証することにより，推定は覆ることがあります．

　h．"権原"と"権限"　　"権原"は，ある法律行為や事実行為をすることを正当とする法律上の原因をいいます．一方，"権限"は，ある法律関係を成立させ，または消滅させることができる地位をいいます．

　たとえば，通常実施権者は特許発明を実施できますが（特78条2項），これは通常実施権者が特許発明を実施する正当な"権原"を有しているからです．また，特許庁長官は，一定の場合に特許出願を却下できますが，これは特許庁長官の"権限"に基づくものです．

　i．"適用"と"準用"　　"適用"は，本来対象としているものに対して法令を当てはめることをいい，"準用"とは，本来対象としていないものに対して（場合によっては，読み替えを加えつつ）当てはめることをいいます．

　たとえば，特許法185条には，「二以上の請求項に係る特許又は特許権の ······ 特

許法第123条3項……の規定の適用については，請求項ごとに特許がされ，又は特許権があるものとみなす」と規定されています．特許法123条3項は，特許権の消滅後であっても特許無効審判を請求できるという規定ですから，特許法185条によって，特許権の消滅後であっても，請求項ごとに特許無効審判を請求できることになります．

また，再審に関する特許法171条2項には，「民事訴訟法第338条……の規定は，前項の再審の請求に準用する」と規定されています．つまり，特許法における再審の請求については，民事訴訟法338条などの規定に基づいてなされます．

j. "イ号物件"と"イ号方法" 特許権侵害事件などで，特許権を侵害するとされる対象となる被告の物件を"イ号物件"，"ロ号物件"などとよび，特許権を侵害するとされる対象となる被告の方法を"イ号方法"，"ロ号方法"などとよびます．なお，原告側の証拠などを"甲第1号証"，被告側の証拠などを"乙第1号証"のようによびます．

k. "善意"と"悪意" ある事情を知らないことを"善意"とよびます．一方ある事情を知っていることを"悪意"とよびます．例外的に，悪意が，他人を害する意思をさすこともあります．

コラム 判決番号と事件番号

　法律を学ぶようになると，「最高裁平成15年4月22日第三小法廷判決」や「東京地裁平成13年（ワ）第17772号」など，裁判に関する記載を目にします．

　「東京地裁平成13年（ワ）第17772号」のように，裁判所，年度および番号を含むものが"事件番号"とよばれる番号です．この番号は，訴えを起こした際に付けられる番号です．一方，「最高裁平成15年4月22日第三小法廷判決」のように，裁判所と日付とを含むものが"判決"を示します．したがって，判決を引用する場合は，正しくは後者（判決番号）を用います．しかし，同じ裁判所で同じ日に複数の判決が出されることが多々あります．そこで，事件を特定するために，前者（事件番号）も併用されます．

　なお，平成17年4月1日から知財高裁が設立されたことにより，同3月31日の時点で東京高裁に係属している事件は，知財高裁としての新たな事件番号が付けられました．たとえば，東京高裁平成14年（ネ）第2194号は，知財高裁平成17年（ネ）第10001号とされました．

2

特許権を取得する

2・1 発明とは

2・1・1 はじめに

　いろいろな研究活動の中で創作的な工夫をしても，"こんなものは発明じゃない"といって済ましている人が多いと思います．また，学会発表できるような研究の成果だけが発明だと思っている人も多いでしょう．

　しかし，ある課題を"技術（自然法則）"を用いて解決したものや，技術的な工夫により何らかの効果をもたらすものは，すべて発明になります．つまり，研究途中で生まれた小さな工夫や，日常生活でのアイデアは，ほとんどすべてが発明なのです．

　たとえば，天秤の皿に試料を搭載すると，試料がずれるので迅速に測定できないことがあります．そこで，その天秤の皿にシートを敷いたところ，試料のずれを防止できて迅速に測定できたとします．試料がずれなくなった理由は，試料とシートとの間の摩擦によります．したがって，天秤の皿にシートを敷くことは，摩擦という自然法則を用いてある技術的効果を得ているので，発明となります．こういった簡単な工夫は論文にはなりませんが，ほかの研究者にとって役立つ技術です．このような場合，特許出願をしておけば公開され，やがて特許されます．ほかの研究者が利用できるような工夫は，研究の進歩に寄与することでしょう．発明者にとっては業績が増え，企業からライセンス収入を得ることができる場合もあります．

　一般に大発明を実施化するには，多くの労力と時間がかかります．しかしちょっとした工夫であれば，容易に実施化でき，早期にライセンス収入を得ることも可能です．したがって，大発明のみならず，研究上のちょっとした工夫を特許出願することも検討する価値があるといえます．

2・1・2 どのようなものが発明か

a. 定義規定　"発明"と聞いて，どのようなものを思い浮かべるでしょうか．発明の具体例として，テレビ，ラジオ，洗濯機のような日用品から，青色発光ダイオードのような最先端なものまでをあげることができます．これらに共通する概念は何でしょうか．

日本の特許法では，発明について以下のように定義しています．

【特許法2条1項】　発明とは，自然法則を利用した技術的思想の創作のうち高度のものをいう．

すなわち，ある課題を自然法則を利用して解決できた場合，その解決手段（方法や物）は発明になるのです．この点で，発明は，"ある課題に対する解決手段"といえます．なお，上記の定義では，発明であるために"高度"である必要があるとされています．しかし，実際の審査においては高度かどうかは問題とされません．

実は私たちの身のまわりには，発明でないものがほとんどないのです（もちろん，特許されるためには，後に説明する"新規性"などの条件を満たす必要がある）．たとえば机も，照明も，パソコンも，鉛筆も，消しゴムも，上記の定義に当てはまるので，発明に該当します．

発明は，一定の確実性を伴って実現できるものであればよいとされています．たとえば，特許2670号として特許された"真珠の養殖方法"は，その成功率が1～2％でしかありませんでした．しかし，メンデルの法則などの自然法則にのっとり，一定の確実性を伴ってその方法を再現できるので，発明に該当するのです．最高裁判所も"発明であるためには，当業者がそれを反復実施することにより同一結果を得られること，すなわち，反復可能性のあることが必要"であり，"科学的に……再現することが当業者において可能であれば足り，その確率が高いことを要しない"と判示しています[*1]．

b. 発明でないもの　発明とは何かをより理解するために，以下では，"発明でないもの"を紹介します．

[*1] 最高裁平成12年2月29日判決（事件番号：同平成10年（行ツ）第19号）参照．この最高裁判決は，黄桃の育成方法に関する発明について，「反復実施して科学的に本件黄桃と同じ形質を有する桃を再現することが可能であるから，たといその確率が高いものとはいえないとしても，本件発明には反復可能性があるというべき」としている．

❶ 自然法則そのもの

発明は，"自然法則を利用したもの"ですから，自然法則そのものは発明ではありません．したがって，たとえば"万有引力の法則"そのものは発明ではありません．ただし，万有引力を利用して，何らかの課題を解決できるものは，発明に該当することがあります．

❷ 単なる"発見"であって創作でないもの

発明は，"創作（つくりだしたもの）"です．したがって，自然界にあるものを単に発見しただけでは，発明になりません．ただし，公知の物質の新たな用途を発見した場合，日本では**用途発明**として保護されることがあります．たとえば，公知の化合物が，ある疾患の治療に効くことがわかった場合，その化合物を有効成分として含むその疾患の治療剤は発明とされます．また，昆布のうまみ成分のグルタミン酸ナトリウム〔味の素（登録商標）〕は，もともと自然界に存在しているものですが，抽出や精製をすることにより自然界から人為的に取出されたものなので，発明とされました（特許14805号）．

❸ 自然法則に反するもの

永久機関など自然法則に反するものは，自然法則を利用しないので，発明ではありません．

❹ 自然法則を利用しないもの

催眠術など，人の心理現象に基づく経験則は，自然法則を利用したものとはされません[*2]．数学上の法則や論理学上の法則，ゲームのルールなどの人為的取決めは，自然法則を利用したものとはされません．したがって，これらのみが請求項に記載されている場合は，発明ではないとされます．

❺ 技術的思想でないもの

ある課題を解決する上で，重要な事項であっても，技術的思想でないものは発明とされません．

たとえば，"フォークボールの投げ方"のような**技能**は，個人の熟練により達成されるものであって，知識として第三者に伝達できる客観性に乏しいので，発明とはされません．

タンパク質の立体構造に関するデータは，創薬などにおいて重要な情報です．

[*2] 吉藤幸朔 著，"特許法概説（第13版）"，52頁，有斐閣（2001）を参照．

しかし，データそのものは**単なる情報の提示**とされ，発明とはされません．単なる情報の提示とは，提示される情報の内容にのみ特徴をもつものであって，情報の提示をおもな目的とするものとされています*3．

> **メモ** **タンパク質の立体構造の特許性**については，審査基準を参照．また，日米欧におけるタンパク質の立体構造の特許性に関しては，**三極合意**を参照．三極（日・米・欧）合意は，特許庁のホームページにアップロードされている．

❻ 未完成発明

発明は，ある着想を得て，その着想を具現化することにより完成します．したがって，ある着想を得ただけで，それを達成する具体的な手段や方法が不明瞭な場合は，**未完成発明**とされます．判例も，反復実施してその目的とする技術効果をあげることができる程度にまで具体化され，客観化されていないものは発明としては未完成であるとしています*4．

また，請求項に記載された発明では，ある課題を解決できない場合も発明ではないとされます*5．

c．生物関連発明*6　　生物は，自然界にすでに存在しています．しかし，生物に関連するものも発明になる場合があります．

たとえば，真珠の養殖方法（特許2670号），黄桃の製造方法（最高裁平成12年2月29日判決）など，自然法則を利用し，一定の確実性を伴って目的物を製造できるものは発明であるとされています．

---

*3　特許実用新案法の審査基準　第Ⅱ部　第1章"産業上利用できる発明"，2頁．審査基準には，情報の単なる提示の例として，「機械の操作方法又は化学物質の使用方法についてのマニュアル，録音された音楽にのみ特徴を有するCD，デジタルカメラで撮影された画像データ，文書作成装置によって作成した運動会のプログラム，コンピュータプログラムリスト（コンピュータプログラムの，紙への印刷，画面への表示などによる提示（リスト）そのもの）」があげられる．
*4　最高裁昭和44年1月28日判決（事件番号：同昭和39年（行ツ）第92号）を参照．
*5　特許実用新案法の審査基準（以下，"審査基準"）第Ⅱ部　第1章"産業上利用できる発明"，3頁では，"発明の課題を解決するための手段は示されているものの，その手段によっては，課題を解決することが明らかに不可能なもの"は，発明でないとしている．そして，課題を解決できない具体例として，ホウ素などの中性子吸収物質を溶融点の比較的高い物質で包み，これを球状とし，その多数を火口底へ投入することによる火山の爆発防止方法をあげている．
*6　生物関連発明の取扱いについては，特許実用新案法の審査基準を参照．

また，自然界から人為的に単離した微生物で，有用性が認められるものは，発明とされます*7．ここで，微生物とは，酵母，カビ，キノコ，細菌，放線菌，単細胞藻類，ウイルス，原生動物などを意味します．なお，微生物に関する発明を出願する場合は，通常はその微生物を寄託機関に寄託する必要があります（特施規27条の2*8）．

遺伝子は，生物が本来もつものです．しかし，遺伝子は，遺伝子工学などの人為的な手法によって，単離され，その機能が解明されます．機能がわかれば，その遺伝子が関与する疾患の治療などに役立ちます．すなわち，遺伝子はその機能が解明されて初めて，ある課題の解決に寄与できるのです．ですから，遺伝子は単離・精製され，その機能が解明された段階で発明とされます．ベクター，形質転換体，モノクローナル抗体なども同様に発明とされます．

> **メモ** ある遺伝子の配列を決定した場合，その塩基配列を，その遺伝子のプローブとして用いることができる．しかし，単にプローブとして用いることができるというだけでは，機能が解明されたとはいえない．したがって，単に遺伝子の配列を特定したのみの塩基配列は，発明には該当しない．

2・1・3 発明のカテゴリー

発明は，❶ 物，❷ 単純方法，および ❸ 物の製造方法の三つのカテゴリーに分けられます．発明がどのカテゴリーであるかによって，特許権の及ぶ行為が大きく変わります（§5・2・2参照）．

---

*7 審査基準には，天然物から人為的に単離した微生物には創作性があり，その微生物の有用性が示されるか，類推しうるものは"産業上利用することができる発明"に該当しうると記載されている．

*8 特許法施行規則27条の2には，微生物の寄託について規定されている．なお，特許法施行規則は，特許庁のホームページまたは法令集を参照．

ある物を特定した発明は，"物の発明"とされます．機械などの装置のみならず，電子回路や，化学物質，コンピュータ・プログラムおよび一定の生物なども物の発明とされます．物の発明は，原則的には，経時的要素を含まない点で，方法の発明と相違します．ただし，ある物を表現するために製造方法で特定することがあります．そのように規定された請求項をプロダクト・バイ・プロセスクレームとよびます．

一方，"方法の発明"は，通常いくつかの工程によって規定され，経時的要素を含む発明です．その方法を実施した結果，何らかの物が製造される場合，その発明は物の製造方法の発明とされます．たとえば，ある化学物質の製造方法などは，製造方法の発明となります．一方，その方法を実施しても，物が製造されない場合は，単純方法の発明とされます．たとえば，ある物質の活性を測定する方法などは，その発明を実施してある物質の活性を測ることができたとしても，新たな物を製造することにはならないので，単純方法の発明とされます．

> **メモ** 現在では，化学物質の発明（**物質特許**）は，特許を受けることができる発明とされている．しかし，1975年の法改正以前の日本は，化学方法により製造されるべき物質を，特許を受けることができない発明の一つとし，特許しなかった．1975年の法改正で物質特許が不特許事由から除かれ，それにより，化学物質や医薬・農薬に関する発明が多数出願された．

2・1・4 発明に該当しないものを出願すると

請求項に発明でないものを記載して出願すると，"産業上利用することができる発明でない"として，拒絶されます（特49条2号）．また，誤って特許されたとしても，特許異議申立てにより取消され（特113条2号），特許無効審判で無効にされます（特123条1項2号）．

2・2 特許をとるまでの過程

2・2・1 はじめに

特許は具体的にどのような手続きを経て付与されるのでしょうか．以下では，図を参照しながら，特許を得るまでの流れを説明します．図2・1（次ページ）は，特許が与えられるまでの大まかな流れを表したものです．

2・2・2 特許付与までの基本的な流れ

a．発明の完成　発明が完成すると，発明者は，**特許を受ける権利**という権利をもちます（特29条1項柱書）．ただし，職務発明については，職務発明が発生したときから，特許を受ける権利が使用者（企業等）に帰属する場合があります（特35条3項）．

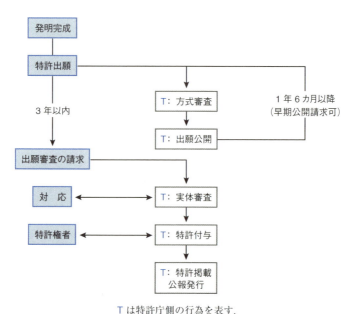

Tは特許庁側の行為を表す．
図2・1　特許が与えられるまでの大まかな流れ

b．特許出願　特許をとるためには，特許出願をする必要があります．特許出願は，所定の書類を特許庁長官に提出することにより行います（特36条1項）．

> **メモ**　特許出願は，**弁理士**を代理人として行うことが一般的である．弁理士を代理人として出願すれば，特許庁との連絡役を担ってもらえるなど，出願時のミスを少なくすることができる．ただし，弁理士を代理人とする場合，弁理士から**委任状**に記名し押印するように依頼されることがある．委任状は，ある弁理士に出願の担当を任せたという書類であり，**包括委任状**を特許庁に提出すれば，出願ごとに委任状を提出しなくて済む．なお，委任した弁理士を後日解任することもできる．

出願時に必要な所定の書類（**出願書類**）とは，願書，明細書，特許請求の範囲，要約書，必要な場合は図面などです．このほかに，弁理士を代理人とした場合は，後日**委任状**を提出するよう特許庁から要求されることがあります．また，外国からの優先権を主張して日本に出願する場合は，後日，**優先権証明書**を提出します．ただし，国内優先権主張出願（§2・7）の場合は，願書にその旨表示すれば，優先権証明書を提出する必要はありません．

特許出願に必要な書類

出願時 ❶ 願書 ❷ 明細書 ❸ 特許請求の範囲 ❹ 要約書 （❺ 図面）

> **メモ** 後述するように，特許出願をしてから特許されるまでに特許庁とさまざまなやりとりをする必要があり，その都度，出願時の書類を参酌することになる．そこで，出願前に，特許出願ごとのファイルを作ることが望ましい．特許出願の願書には，管理番号を付することができる．**出願ファイル**にも特許出願と同じ管理番号を付けると書類の参酌や管理が容易になる．

c．方式審査（特許庁） 特許庁に提出された出願について，**方式審査**がなされます．方式審査では，出願料が払われているか，出願人が記載されているかなどについて審査します．出願料が払われていない場合など，補正ができる場合は，特許庁長官から補正命令が出されます（特17条3項）．この補正命令に従わない場合，特許庁長官は，出願を却下できます（特18条）[*9]．

d．出願公開（特許庁） 出願日[*10]から1年6カ月が経過すると，**出願公開**されます．これにより，出願された発明の内容が公開されます（特64条）．出願公開の段階では，まだ出願は特許になっていません．したがって，自分の事業と関連する他人の公開公報を見ても，必ずしもあわてる必要はありません．出願公開前

[*9] 特許法18条1項によれば，出願人が補正命令に従わない場合，特許庁長官は出願を"却下することができる"と規定されている．したがって，却下しないことも特許庁長官の裁量とされている．どうしても期日までに補正をすることができない場合，たとえば上申書を提出することにより，出願が却下される期間を延ばしてもらえるケースもある．
[*10] 優先権を主張した出願については，優先日から1年6カ月経過後に出願公開される（特許法36条の2第2項で読み替える特許法64条第1項）．

に，特許され特許掲載公報が発行された出願や，出願公開前に拒絶が確定するなど，出願が特許庁に係属しなくなった出願は，出願公開されません．なお，出願人は，出願公開の時期を早めるよう請求することもできます[*11]．

e. 出願審査の請求　特許を得るためには，**出願審査の請求**（俗に**審査請求**とよぶ）をすることが必要です．出願人のみならず，誰でも審査請求をすることができます．審査請求があってから特許性などの審査が始まります．出願から3年以内であれば，誰でも審査請求をすることができます．出願から3年以内に審査請求されなければ，出願は取下げられたものとみなされ，権利化できなくなります．なお，取下げられたものとみなすことを，**取下擬制**ともよびます．

f. 実体審査（特許庁）　審査請求があれば，審査官が実体審査を行います．実体審査では，拒絶理由の有無（特許すべきかどうか）を審査します（§2・3）．

実体審査は，請求の範囲に記載された発明が，一つの出願でできる範囲のものか（**発明の単一性**）を審査した後，

❶ 産業上利用できる発明かどうか
❷ 新規かどうか
❸ いわゆる当業者が容易に発明をすることができたものでないかどうか
❹ 特許請求の範囲や明細書の記載が適切かどうか

などを審査します．

g. 特許付与（特許庁）　拒絶理由がないか，拒絶理由がなくなったと判断される場合，出願は**特許**されます．そして，特許料を納付すると特許権が登録され，これにより出願人は特許権者となります．特許権が登録されると，**特許掲載公報**が発行されます．

2・2・3　実体審査への対応

出願が特許される過程で，複雑かつ重要なのが，前記 f の**実体審査への対応**です．したがって，以下では実体審査への対応について，少し詳しく説明します．図2・2は，実体審査と，出願人の対応の流れをまとめたフローチャートです．

[*11] 出願公開の時期を早める制度を**早期公開制度**という．早期公開制度は，特許法64条の2に**出題公開の請求**として規定されている．早期公開制度を利用すれば，**補償金請求権**（特65条）の請求期間を早めることができる（§5・8）．

a．審査請求　出願審査の請求があった場合にのみ実体審査が始まる点は，先に説明したとおりです．特許庁の審査官が出願を審査した結果，拒絶の理由を見つけられないときは，特許しなければなりません（特51条）[*12]．**拒絶理由**とは，たとえば，"請求項に記載された発明に新規性がない"など，特許しない理由です（§2･3）．

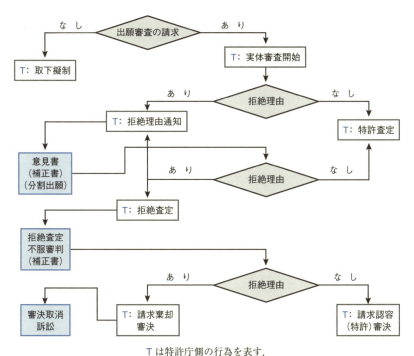

Tは特許庁側の行為を表す．
図2･2　実体審査の大まかな流れ

b．拒絶理由通知（特許庁）　審査官が出願を審査した結果，拒絶理由を発見した場合は，**拒絶理由を通知**します．この"拒絶理由通知"には，2種類あります．

[*12] 審査官による出願に対する処分を**査定**とよび，審査官による特許するとの査定を**特許査定**とよぶ．一方，審査官が出願を拒絶する場合は，**拒絶査定**する．

最初の拒絶理由通知と，最後の拒絶理由通知です．最後の拒絶理由通知は，基本的には最初の拒絶理由通知に対する補正により，さらに通知することが必要となった拒絶理由通知のことを意味します．"最初"と"最後"とでは，補正できる範囲が異なります．

c．意見書・補正書　拒絶理由通知に対して，出願人は，"意見書"を提出することにより対処できます．また，意見書を提出できる期間内であれば，特許請求の範囲などを**手続補正書**により補正することもできます．"手続補正書"による補正をした場合は，意見書において，補正により拒絶理由がなくなったことを併せて説明します．補正できる期間内であれば，**分割出願**をすることもできます．

d．特許査定・拒絶査定（特許庁）　意見書や補正書によって拒絶理由がなくなった場合は，審査官は"特許査定"をします．

一方，意見書や補正書によっても拒絶理由が解消されていない場合，審査官は，"拒絶査定"をします．

e．拒絶査定不服審判　拒絶査定に対して，出願人は，拒絶審査から3カ月以内に"拒絶査定不服審判"を請求することにより，権利化を図ることができます（特121条1項）．拒絶査定は，審査官による判断でした．しかし，**審判**では，審判官が3人または5人集まって（これを**合議体**という），特許性について審理します．また，拒絶査定不服審判の請求と同時であれば，特許請求の範囲や，明細書などを補正でき，さらには分割出願もできます．審判官の合議体が拒絶査定を維持できない（拒絶理由がない，または拒絶理由がなくなった）と判断した場合，特許されます[13]．一方，審判官の合議体が，拒絶理由があると判断した場合は，請求棄却審決（特許を与えないという審決）となります．請求棄却審決に対しては，知的財産高等裁判所に訴えることもできますが，そのようなケースはまれです[14]．

---

[13] 審判官の合議体による判断を**審決**という．審判官の合議体による特許するとの判断は，**特許審決**とよばれる．また，審判官の合議体が特許する場合，拒絶査定不服審判の請求は認められたことになるので，**請求認容審決**ともよばれる．

[14] 拒絶査定不服審判の審決に対して，審決取消訴訟が提起される事件はそれほど多くない．また，審決が確定した後であっても，非常の不服申立て手段として再審がある（特171条1項）．しかし，再審は，ほとんど請求されることがない．よって，本書では，それらの制度を紹介するにとどめて，具体的な裁判や審理の進行については特に触れないことにした．

> **メモ** 特許庁に入庁すると，**審査官心得**，**審査官補**，**審査官**，**審判官**のように在職年数などに応じて役職が変わる．すなわち，審判官は，審査官より上級官吏といえる．なお，審査官・審判官として7年以上経過した者は弁理士になれる（弁理士法7条3号）．審査官になるのは通常入庁4年後である．また，特許庁に入庁して5年以上経過すると，弁理士試験のうち1次試験の不正競争防止法と著作権法のみに合格するだけで**弁理士**になることができる（弁理士法11条5号）．

2・3 特許をとるための要件

2・3・1 はじめに

　出願された発明は，拒絶理由がなければ特許されます．そして，拒絶理由は，特許法49条1項各号に限定列挙されています．**限定列挙（↔ 例示列挙）** されているので，出願が拒絶されるのは特許法49条1項各号に規定されている理由のみです．

　拒絶理由のうち最も通知されることが多いのは，新規性がないか進歩性がないというものです．以下では，拒絶理由のうちおもなものについて説明します．

2・3・2 産業上利用できる発明について

　産業上利用できる発明であるためには，請求項の内容が，"発明であること"と，その発明が"産業上利用できること"が要求されます（発明であるかどうかは，§2・1・2を参照）．

　発明が，産業上利用できるものかどうかについては，おもに医療行為に関する発明が問題となります．現段階では，医師による医療行為そのものは，日本では特許されません[15]．

2・3・3 新 規 性

　発明の"新規性"とは，発明が新しいことを意味します（特29条1項各号）．つまり，出願時に世の中に存在するものを出願しても，特許されません．すでに世の中にあるものに特許権を付与することは不適当だからです．新規性の有無が判断されるのは，特許請求の範囲に記載された発明です．特許請求の範囲に記載された発明が，特許権の与えられる発明だからです．なお，後述するように新規性喪失の例

---

[15] 廣瀬隆行，'医療行為の特許法による保護'，パテント，56巻4号69頁（2003）．

外規定（特30条）の適用を受けられる場合は，新規性を喪失しても特許を受けることができる場合があります．

■ 規定の内容 ■
　a．定義規定　　新規性について，特許法では以下のように規定されています．

【特許法29条】　産業上利用することができる発明をした者は，次に掲げる発明を除き，その発明について特許を受けることができる．
　一　特許出願前に日本国内又は外国において公然知られた発明
　二　特許出願前に日本国内又は外国において公然実施をされた発明
　三　特許出願前に日本国内又は外国において，頒布された刊行物に記載された発明又は電気通信回線を通じて公衆に利用可能となった発明

　上記の特許法29条1項各号のいずれかに該当する発明については，特許を受けることができません．特許法29条1項1号から3号は，それぞれ，"公知"，"公用"，および"刊行物等公知"ともよばれます．これらのうちでもっとも拒絶理由として通知されることが多いものは，"刊行物等公知"です[16]．
　b．新規性の判断時　　条文には"特許出願前に"と規定されています．したがって，新規性があるかどうかは，特許出願時を基準に判断します．たとえば，午前中に特許出願する発明に関する講演を行って，午後その発明を特許出願した場合は，新規性がないとされます．国内優先権主張出願など優先権を主張する出願については，原則として最初の出願の日（優先日）を基準として新規性が判断されます[17]．この点は，後述する進歩性などについても同様です．
　c．新規性の判断地域　　条文に"日本国内又は外国において"と規定されています．したがって，新規性があるかどうかは，日本国だけでなく外国をも含めて判断します．たとえば，出願前に，外国で発行された論文に発明が記載された場合，その発明は新規性がないとされます．

---

[16] 公知・公用が拒絶理由として通知されることはほとんどない．公知・公用は，特許無効審判で争われることがある．なお，刊行物として最も引用されることが多い文献は，特許公報である．
[17] 国内優先権主張出願（後の出願）に係る発明のうち，国内優先権主張の基礎となる出願（最初の出願）に開示された発明についてのみ，新規性などの判断日が最初の出願の日となる（特41条2項）．

d．公然知られたとは　　条文の中で，公然知られた発明とは，不特定の者に秘密でないものとしてその内容が知られうる状態とされた発明を意味します．すなわち，発明が秘密の圏内にあるかどうかによって，新規性の有無が判断されます．したがって，守秘義務を負う者がその発明を知った場合は，新規性を喪失しません．一方，守秘義務を負わない者が，その発明を知った場合，発明の新規性は失われます．たとえば，産業スパイがある発明を盗み出したとしても，その発明の新規性は失われてしまいます[*18]．

e．刊行物とは　　"刊行物"には，雑誌，書籍のみならず，所定のCD-ROMやマイクロフィルムなども含まれます．最高裁昭和61年7月17日判決（事件番号：同昭和61年（行ツ）第18号民集40巻5号961頁）では，「刊行物とは，公衆に対し，頒布により公開することを目的として複製された文書，図画その他これに類する情報記録媒体であって，頒布されたもの」とされました．

刊　行　物
❶ 頒布性　❷ 公開性　❸ 情報性

---

f．電気通信回線とは　　"電気通信回線"とは，インターネットなどを意味します．たとえば，ある発明がインターネットのサーバにアップロードされれば，その発明は，"電気通信回線を通じて公衆に利用可能となった発明"に該当します．

■ **新規性の具体的な判断** ■

　新規性があるかどうかを実際に判断することは，必ずしも容易ではありません．以下では，新規性の有無の具体的な考え方を説明します[*19]．

a．新規性の考え方　　各請求項の一部でも公知発明が含まれる場合，その請求項は新規性なしとされます．たとえば，出願された発明の請求項1に記載された発明が，以下の発明Xだったとします．

[*18] ただし，このような場合については，救済措置が設けられている（特30条2項）．すなわち，特許を受ける権利を有する者の意に反して発明が公知になった場合は，公知になってから6カ月以内に出願し，発明が意に反して公知になったことを査定審決時までに証明できた場合は，新規性や進歩性に関するかぎり，公知にならなかったものとして扱われる（§2・3・4）．

[*19] 実際の新規性判断は，簡単なものではないので，本書では新規性判断の基本的な考え方のみを説明する．

発明X "1:3〜3:1の重量比の物質Aと物質Bとを1分〜1時間撹拌し混合する工程と,前記工程により得られた混合物を,0℃〜10℃で,5分〜1時間冷却する工程と,を含むCの製造方法"

この発明は,以下の三つの構成要件に分けられます.
　構成要件A:"1:3〜3:1の重量比の物質Aと物質Bとを1分〜1時間撹拌し混合する工程(混合工程)"があること
　構成要件B:"前記工程により得られた混合物を,0℃〜10℃で,5分〜1時間冷却する工程(冷却工程)"があること
　構成要件C:"Cの製造方法"であること
すなわち,発明Xは,"構成要件A〜Cに分説される"といえます.
　たとえば,公知文献1には以下の発明Yが開示されていたとします.

文献1 "1:2の重量比の物質Aと物質Bとを10分間撹拌することにより混合し,その混合物を,0℃で,10分間冷却するCの製造方法"

　公知文献1に記載された発明Yのうち,"1:2の重量比の物質Aと物質Bとを10分間撹拌することにより混合し"が,発明Xの構成要件Aに相当します.そして,公知文献1の"その混合物を,0℃で,10分間冷却する"が,発明Xの構成要件Bに相当します.公知文献1の"Cの製造方法"は,構成要件Cに相当します.すなわち公知文献1には,発明Xのすべての構成要件からなる発明が開示されています.このように,発明のすべての構成要件を一体としたものが公知になっている場合,新規性がないとされます.
　一方,請求項2が,"前記冷却する工程は,冷却時間が30分以上45分以下である,請求項1に記載のCの製造方法"の場合は,公知発明Yに基づいて新規性なしとされるでしょうか(図2・3).

図2・3　請求項に係る発明X,X'と公知発明Yとの関係

請求項2に係る発明X'は，請求項1の構成要件Bが，構成要件B'（0℃～10℃で，30分以上45分以下冷却する）というものです．すなわち，発明X'は，構成要件A+B'+Cからなる発明といえます．一方，公知発明Yの冷却時間は，10分間でしたから，構成要件B'を満たしません．

つまり，請求項2は，公知発明Yに基づいて新規性なしとはされません．ただし，公知発明Yに基づいて，当業者が容易に発明X'を発明できた場合は，進歩性がないとされます．

メモ 出願された発明Xが構成要件A～Cからなり，公知文献の実施例1には構成要件AとCが開示され，実施例2には構成要件BとCとが開示されているような場合，その公知文献に発明Xが開示されているとは必ずしもいえない．なぜなら，その公知文献に，構成要件A～Cが一体となった発明Xが開示されているとはいえない場合があるからである．

たとえば，以下の場合を考える．

> ［実施例1］
> 　1：2の重量比の物質Aと物質Bとを10分間撹拌混合し，室温で30分間放置し，化合物Cを得た．
> ［実施例2］
> 　物質A1重量部に物質B10重量部を滴下した後，0℃で30分間静置し，結晶状の化合物Cを得た．

実施例1は，構成要件Bを満たさず，実施例2は，構成要件Aを満たさないから，上記の実施例には発明Xが開示されていないこととなる．

---

b．構成要件そのものは公知でもよい　　発明は，すべての構成要件が一体として形成されるものです．したがって，たとえば構成要件Aだけが公知であっても，構成要件A～Cの組合わせが公知でなければ新規性があるとされます．

たとえば，ポストイット（登録商標）は，公知の"メモ用紙"と，公知の"のり"とにより構成されています．したがって，ポストイットを構成するそれぞれの構成要素は，公知なのです．しかし，ポストイットは，これまでにない"組合わせ"により，従来なかった技術的な効果を奏したのですから，新規性のある発明とされるのです．このように，すべての構成要素を組合わせたものが発明であるという考え方は，とても重要な観点です．

なお，出願の際にすでに頒布された文献を**公知文献**や**先行文献**とよびます．また，審査官が拒絶理由通知において引用した文献を**引用文献**のようによびます．

2・3・4　新規性喪失の例外：学会発表しても特許を受けられる場合

"新規性喪失の例外"とは，学会発表などにより新規性を失ったにもかかわらず，新規性や進歩性の判断において，その発表などをなかったものとして扱うことをいいます（特30条）．

先に説明したように，新規性のない発明は特許を受けることができません（特29条1項各号）．しかし，学会発表や論文発表で研究成果を公表することは，研究者にとって重要ですし，科学・技術の進歩にも寄与します．また，産業スパイなどによって，意図せず出願前の発明が公知になる場合もありえます．このような場合に，救済措置がないのは発明者などに酷です．一方，新規性のない発明は，本来特許されるべきではありません．

そこで，一定の場合に限って，新規性を喪失するに至らなかったものとして取扱うことができます（特30条）．以下では，新規性喪失の例外について説明します．

■ **新規性喪失の例外の適用を受けられる場合** ■

a．特許を受ける権利を有する者の行為による場合　従来は，刊行物に記載された場合や，所定の学会などに発表した場合に限って，新規性喪失の例外が認められていました．法改正により，特許を受ける権利を有する者の行為により新規性を喪失するに至った場合は，原則として，新規性喪失の例外の適用を受けられることとなりました（特30条2項）．このため，論文が発行された場合や，学会発表した場合のみならず，たとえば，試供品を頒布して顧客の反応をみた場合や，自社のウェブページで製品を紹介したといった場合であっても，新規性喪失の例外の適用を受けられる可能性があります．つまり，新規性喪失の例外の適用が認められると，対象となる特許出願について，審査官（または審判官）が新規性や進歩性を審査する際に，新規性喪失の例外の適用を申請した論文等が公知技術として引用されなくなるのです．

ただし，従来と同様に，国内外の特許等に関する公報（公開公報，特許掲載公報，意匠公報など）に記載された発明については，新規性喪失の例外の適用を受けることができません（特30条2項）．

b．意に反する公知　従来と同様，競合他社にアイデアを盗まれ，その競合

他社がアイデアを発表してしまった場合のような，特許を受ける権利を有する者の意に反する公知については，公知にならなかったかのように扱ってもらえる可能性があります（特30条1項）．

なお，特許を受ける権利を有する者が複数いて，そのうちの一人が独断で発明を公開してしまったという場合に，残りの者からすれば，意に反して発明が公知になったと主張したいところですけれども，これについては，特許法第30条1項に規定する"意に反して"には相当しない（該当しない）と判断された事件があります（東京地裁平成17年3月10日判決（事件番号：同平成16年（ワ）第11289号））．

■ 新規性喪失の例外の適用を受けるための手続き ■

以下では，"新規性喪失の例外の適用を受けるための手続き"について説明します（図2・4）．

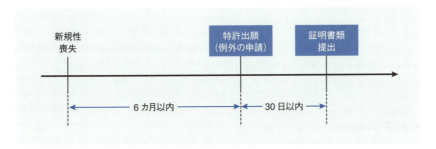

図2・4　新規性喪失の例外に関する手続き

a．特許出願　新規性を喪失した日から6カ月以内に，特許出願する必要があります．そして，特許出願の願書には，たとえば"特許法第30条第1項の規定の適用を受けようとする特許出願"のように記載します．なお，学会発表の場合は，学会発表に先立って学会予稿集が発行される場合があります．この場合，学会予稿集に発明が開示されますので，学会予稿集の発行日から6カ月以内に特許出願する必要があります．

b．証明書　原則として，特許出願から30日以内に，新規性喪失の例外を証明する書面（証明書）を提出しなければなりません．証明書は，以下の二つの要件を示す必要があります．

　要件1：発明の公開日から6カ月以内に特許出願をしたこと
　要件2：権利者の行為に起因して発明が公開され，権利者が特許出願をしたこと

c. 宣誓書 学会発表者や論文の著者と，発明者とが一致しない場合，不一致の理由を説明した"宣誓書"を特許庁に提出することがあります[20].

■ **実務では** ■

新規性喪失の例外が認められるので，特許出願をする前に学会などに発表しても問題ないようにも考えられます．しかし，手続きが面倒ですし，ヨーロッパで特許を取得できなくなる[21] など，さまざまなデメリットがあります．そこで，新規性を喪失する前に，特許出願をすることが勧められています．この場合，発明の詳細な内容については，後述する国内優先権主張出願（§2・7）をすることにより後で担保することができます[22].

2・3・5 進 歩 性

発明の"進歩性"とは，発明が容易に創作できた程度のものではないことを意味します（特29条2項）．先に説明したとおり，特許を受けるためには発明には新規性が必要です（特29条1項各号）．しかし，発明の新規性があっても，公知の発明から容易に考え出せる程度のものにまで特許を与えると，権利が乱立し，かえって産業の発達を阻害します．そこで，特許を受けるためには進歩性が要求されます．

■ **規定の内容** ■

a. 定義規定 進歩性について，特許法では以下のように規定されています．

【特許法29条2項】 特許出願前にその発明の属する技術の分野における通常の知識を有する者が前項各号に掲げる発明[23] に基いて容易に発明をすることができたときは，その発明については，同項の規定にかかわらず，特許を受けることができない．

---

[20] 特許出願をすることができるのは，"特許を受ける権利を有する者"である．そして，特許を受ける権利は，発明の完成とともに発明者に帰属する．二人以上が特許を受ける権利を共有する場合は，共有者全員で出願をする必要がある（特38条）．
[21] ただし，ドイツで実用新案権を取得することはできる．
[22] ただし，国内優先権主張出願の基礎とする特許出願には，発明をしっかりと開示しておかなければならない．後述のとおり，基礎出願に開示されていない発明については，優先権が有効とされない．
[23] 前項各号に掲げる発明とは，特許法29条1項各号に記載の発明をさす．

すなわち，公知の発明に基づいて当業者が容易に発明できる発明は，新規性があっても特許を受けられないと規定されています．"当業者"とは，"その発明の属する技術の分野における通常の知識を有する者"のことを意味します．

b．進歩性判断の基本的な考え方　進歩性判断の基本的な考え方は，以下のとおりです．

特許請求の範囲に記載された発明が，公知発明に基づいて"容易に創作できたかどうか"を判断します．

請求項に記載された発明と，公知発明との一致点と相違点とを認定します．相違点がなければ，請求項に記載された発明は，新規性がないということになります．そして，相違点がある場合，当業者が公知発明に基づいて請求項に記載された発明に容易に想到する（考えつく）ことができたかどうかを検討します．そして，公知発明に基づいて，請求項に記載された発明を容易に発明できたと判断された場合，進歩性がないとされます．

拒絶理由通知においては，まず，請求項1に記載された発明（本発明1）に最も近い文献が引用されます．この文献を文献1とし，文献1に記載された発明を文献1発明とします．

そして，本発明1と文献1発明との一致点や相違点が認定されます．次に，その相違点について，検討されます．まずは，その相違点が当たり前のものなのか，その相違点の技術的な効果（技術的意義）はどのようなものかが検討されます．そして，相違点が形式的なものであったり，何ら技術的な効果をもたらさないものであるといった場合，その相違点が実質的なものではないと判断されます．すると，本発明1は進歩性（または新規性）がないと判断されます．

次に，相違点があっても，文献1に相違点を採用する示唆がある場合など，文献1に接した当業者であれば，相違点を採用することに容易に思いつくときは，本発明1は文献1発明に基づいて容易に発明できたものであるとして，進歩性がないと判断されます．

一方，文献1には，相違点についての記載がない場合であっても，文献1とは別の文献である文献2に，その相違点が記載されているときがあります．そして，その文献2には，相違点の技術的意義も記載されていたとします．そのような場合，文献1と文献2とを組合わせることを妨げる阻害要因がない限り，本発明1は，文献1発明に，文献2発明を組合わせて容易に発明できた（すなわち進歩性がない）と判断される可能性があります．また，文献2には，相違点の技術的意義が記載さ

れていなくても，相違点を採用することによる技術的な効果が記載されていることがあります．その場合，文献1に接した当業者であれば，文献2に記載された技術的な効果を得るために，相違点を採用することは容易である（すなわち進歩性がない）と判断されることがあります．

実際の進歩性の判断は，複雑なのですが，基本的には上記のように進歩性が判断されます．

c. 進歩性の検討例　以下では，例を用いて進歩性について説明します．請求項1に記載された発明Xが以下のものだったとします．

発明X "1:3～3:1の重量比の物質Aと物質Bとを1分～1時間撹拌し混合する工程と，前記工程により得られた混合物を，0 ℃～10 ℃で，5分～1時間冷却する工程と，を含むCの製造方法"
　　　　　　　　A　　　　　　　　　　　　　　　　　　　　　　　　　　　B　　　　　　　C

この発明Xは，先にも説明したとおり，構成要件A（混合工程），構成要件B（冷却工程），および構成要件C（Cの製造方法）の三つの構成要件からなります．

一方，公知文献1には以下の発明が開示されていたとします．

文献1 "1:2の重量比の物質Aと物質Dとを5分間撹拌混合し，5 ℃で，10分間冷却するCの製造方法"

公知文献1に構成要件Bと構成要件Cが開示されていることは明白です．しかし，発明Aでは，物質Aと物質Bとを用いるのに対し，公知文献1に記載の発明では，物質Aと物質Dを用いる点で相違します．

そこで，特許出願時の当業者が，公知文献1に記載の発明に基づいて"物質Aと物質B"を用いる発明Aを発明することが容易かどうかを判断することになります．

たとえば，公知文献2に"物質Aと物質B"を用いたCの製造方法が開示され，物質Bと物質Dとの物性が類似したものであり，文献1と文献2に記載の発明が，発明Aと同じ課題を解決するものである場合，"発明Aは，公知文献1に記載の発明に，公知文献2に記載の発明を組合わせて容易に発明できたもの"と判断される可能性が高いといえます．ただし，進歩性の判断は，個別具体的に判例や審査基準などを踏まえつつ行わなければなりません．

なお，化学や医薬の分野では，請求項に記載された発明が，従来技術に比べて有利な効果があるかどうかが問題とされることがあります．そして，請求項に記載さ

れた発明が，従来技術に比べ，異質な効果をもつ場合や，同質であるが効果が顕著な場合は，**進歩性**が認められることがあります．

進歩性判断の基本的な考え方
——特許実用新案の審査基準より——

1) **進歩性の判断**は，本願発明の属する技術分野における<u>出願時の技術水準</u>を的確に把握した上で，当業者であればどのようにするかを常に考慮して，<u>引用発明に基づいて</u>当業者が請求項に係る発明に容易に想到できたことの**論理づけ**ができるか否かにより行う．

2) 具体的には，請求項に係る発明および引用発明（一または複数）を認定した後，論理づけに最も適した一の引用発明を選び，請求項に係る発明と引用発明を対比して，<u>請求項に係る発明の発明特定事項と引用発明を特定するための事項との一致点・相違点を明らかにした上で</u>，この引用発明や他の引用発明（周知・慣用技術も含む）の内容および技術常識から，請求項に係る発明に対して進歩性の存在を否定しうる論理の構築を試みる．

論理づけは，種々の観点，広範な観点から行うことが可能である．たとえば，請求項に係る発明が，引用発明からの最適材料の選択あるいは設計変更や単なる寄せ集めに該当するかどうかを検討したり，あるいは，<u>引用発明の内容に**動機づけ**と</u>なり得るものがあるかどうかを検討する．また，引用発明と比較した有利な効果が明細書等の記載から明確に把握される場合には，進歩性の存在を肯定的に推認するのに役立つ事実として，これを参酌する．

その結果，論理づけができた場合は請求項に係る発明の進歩性は否定され，論理づけができない場合は進歩性は否定されない．

2・3・6　先願主義

"先願主義"とは，同一発明について異なる日に二つ以上の特許出願が競合した場合に，最先の出願人にのみ特許を付与する主義をいいます（特39条）．

特許発明は，特許権者だけが実施できます（特68条本文）．ですから，特許発明の範囲が重なることは，これに矛盾することになります．そこで，<u>特許発明の範囲が重複しないように，先願主義が採られています．</u>

a. 先願主義の内容　　先願かどうかは，出願の日を基準として判断します．新規性のように時分は問題となりません．同一発明について，同日に2以上の出願がされた場合は，出願人の間で協議して定めた一の出願人のみが特許を受けることができます．一方，協議が成立しない場合などの場合は，双方が拒絶されます．

先願の対象は，特許出願または実用新案登録出願です（特39条1項，3項）．先願の請求項に記載された発明と後願の請求項に記載された発明が同一か否かを判断します．

先に出願された特許出願であっても，放棄，取下げ，却下，拒絶査定・審決の確定した出願などは，先願の地位がありません．すなわち，通常は，特許されなければ先願の地位がありませんので[*24]，放棄された出願などに基づいて，後の出願を先願主義違反で拒絶できません．

2・3・7 拡大された先願の地位

"拡大された先願の地位"とは，次のページの図2・5に示されるように，後願の出願後に特許掲載公報が発行されるか，または出願公開された[*25]先願の願書に最初に添付した明細書，特許請求の範囲または図面に記載された発明と同一の発明を特許請求の範囲に記載された発明とする後願は，特許を受けることができないことを意味します（特29条の2）．"拡大された先願の地位"は，**準公知**や**拡大先願**などともよばれます．

a. "拡大された先願の地位"の内容　　出願は，願書，明細書，特許請求の範囲，図面などからなっています（§2・2・2b）．そして，先願主義では，特許請求の範囲に記載された発明同士を比較します．特許法29条の2の規定では，後願を拒絶する発明の範囲を，先願の出願時の明細書，特許請求の範囲，図面などまで広げています．それゆえ，特許法29条の2の規定は，拡大された先願の地位とよばれます．特許法29条の2の規定が適用されるのは，先願が出願公開されるか，特許されて特許掲載公報が発行された後のことです．以上のことを，図2・5を用いて説明します．

図2・5で，出願Aは，出願Bの先願です．そして，出願Aは，出願Bが出願された後に，出願公開されています．出願Aは，その出願時に，特許請求の範囲に発明Aが記載され，明細書または図面には発明A，発明Bおよび発明Cが記載

[*24] 同日出願の場合に，協議不調・不能により拒絶査定・審決が確定したときは，その出願は先願の地位を有する（特39条5項但書）．
[*25] 先願が実用新案公報に掲載された発明であっても，特許法29条の2の規定の適用がある．

されています．一方，出願Bは，特許請求の範囲に，発明Bと発明Dが記載されています．

出願Bの特許請求の範囲に記載された発明のうち，発明Bは，先願である出願Aの出願時の明細書または図面に記載されています．そして，出願Aは，出願Bの出願後に出願公開されていますので，出願Bは，特許法29条の2の規定により拒絶されます．

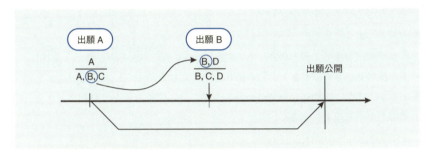

分母：明細書または図面に記された発明．分子：特許請求の範囲に記された発明．
図2・5　特許法29条の2の規定の内容

なお，出願Bの特許請求の範囲に記載された発明のうち，発明Dは特許法29条の2の規定により拒絶されません．しかし，発明Bについて，拒絶理由がある状態では特許されないことになります．そこで，発明Bを特許請求の範囲から削除する補正をすることで，発明Dについて特許を受けることができます．

なお，出願Bの出願日より前に出願Aが出願公開された場合，出願Bは新規性がないとして拒絶されることになります．

b．"拡大された先願の地位"の適用除外　　特許法29条の2の規定は，先願の出願人と後願の出願人が同一の場合や，発明者が同一の場合は適用されません．

2・3・8　特許を受けることができない発明

公序良俗や公衆衛生を害するおそれのある発明については，特許を受けることができないとされています（特32条）．しかしながら，公序良俗に反するような出願はそれほどありません．よって，特許を受けることができない発明であるとして出願が拒絶されることはまれです．

2・3・9 その他の拒絶理由

これまで説明した事項以外に，新規事項を追加する補正（特17条の2第3項）をした場合，発明の単一性（特37条）を満たさない場合，記載不備（特36条4項1号，特36条6項），いわゆる冒認出願，共同出願（特38条）違反，条約違反も拒絶理由とされています．これらのうち，主要なものについては別途説明します．

2・4 特許にかかる費用

2・4・1 はじめに

いざ特許出願をしようと考えても，費用がどれくらいかかるのかわからなければ，特許出願の見通しが立ちません．特許出願の際にはどのくらいの費用がかかるのでしょうか．また，出願後から特許されるまで，および特許後を含めるとどれくらいの費用がかかるのでしょうか．

2・4・2 出願から特許されるまでにかかる費用

通常，特許出願は弁理士を通じて行います．しかし，特許出願は，発明者自ら行うこともできます．以下では，まず発明者が自ら特許出願した場合にかかる費用について説明します．つぎに，弁理士に依頼して出願した場合について説明します．

a．発明者が自ら出願書類を作成した場合[*26]　特許出願に際して，まず特許出願料の1万4000円が必要です（1万4000円分の特許印紙を最寄りの集配郵便局で購入し，願書に貼ればよい．また，特許庁内で特許印紙を購入してもよい）．発明者が自ら特許出願する場合，通常，紙で特許出願します．インターネット出願を用いれば**電子化手数料**は必要ありません．しかし，紙により特許出願をする場合は，電子化手数料が必要となります[*27]．たとえば，願書，明細書，要約書，図面が併せて10枚あったとします．この場合，要求される電子化手数料は，

$$1200 \text{［円］} + 10 \text{［枚］} \times 700 \text{［円/枚］} = 8200 \text{［円］}$$

となります．つまり，出願書類全体で n 枚あったとすると，その電子化手数料は，

[*26] 出願人が個人の場合は，特許に関連する費用の減免制度がある．詳しくは，特許庁のホームページを参照．
[*27] 特許出願後に電子化手数料支払い書が届くので，特許出願の際に電子化手数料を支払う必要はない．

2・4 特許にかかる費用

　　　　　┌─ 基本料金　　┌─ ページ加算分　　┌─ 合計金額
　　　　1200 [円] + (n) [枚] × 700 [円/枚] = (700n + 1200) [円]

となります．
　また，出願日から3年以内に出願審査請求をしなければ，審査官に審査してもらえません．審査官に審査してもらえない特許出願は，取下げられてしまいます．
　平成16年4月1日以降の出願について，この出願審査請求には，

　　　　　　　　┌─ 基本料金　　┌─ 請求項加算分
　　　1件につき 11万8000円 + (4000円 × 請求項の数) に相当する額

の料金がかかります．たとえば，請求項が5個の特許出願では，13万8000円かかることになります．

> **コラム　出願審査請求料について**
>
> 　平成17年4月1日から特定登録調査機関制度が導入されました．それによれば，特許庁長官の登録を受けた"特定登録調査機関"による先行技術調査（有料）を行った出願については，調査報告書を提示することにより出願審査請求料が軽減されることとなりました．また日本国特許庁や外国の特許庁が国際調査報告を作成した案件については出願審査請求料が軽減されます．以下，審査請求料についてまとめます．
>
> 　　出願審査請求料は，
> 　　［基本部分］（円）×［請求項加算額］×（請求項の数）（円）
> 　　により計算される．
>
> a．通常の出願の場合
>
> | 基本部分 | 請求項加算額 |
> |---|---|
> | 9万4000円 | 3200円 |
>
> b．日本国特許庁が国際調査報告書を作成した国際特許出願の場合
>
> | 基本部分 | 請求項加算額 |
> |---|---|
> | 7万1000円 | 2400円 |
>
> c．日本国特許庁以外が国際調査報告書を作成した国際特許出願の場合
>
> | 基本部分 | 請求項加算額 |
> |---|---|
> | 10万6000円 | 3600円 |

なお，出願が特許要件を満たしていなければ，特許庁から拒絶理由通知書が届きます．これに対して，出願人は，意見書や補正書を提出します．これらの書類は，無料で提出できますが，これらの書面を紙で提出した場合，後日電子化手数料を請求されます．しかし，発明者が意見書や補正書を作成し，提出することは容易ではありません．なお，拒絶査定不服審判を請求する場合は，特許庁に収める特許印紙代だけで5万5000円以上かかります（請求項の数が増えると，特許印紙代が5500円ずつ高くなる）．

b．弁理士に依頼した場合 弁理士に出願書類の作成を依頼しても，特許出願料は同じく1万4000円です．通常，弁理士が出願する場合はインターネット出願を行うことができるので，電子化手数料は不要です．ただし，弁理士に弁理士報酬を支払わなければなりません．この弁理士報酬について，従来は標準額表があり，弁理士報酬の一定の目安とされていました．しかし，平成15年に標準額表が廃止され，<u>弁理士と顧客が弁理士報酬を自由に設定することができることになりました</u>．

現在では，従来の標準額表に類似した報酬を要求するケースや，タイムチャージを設定して，出願書類を作成するために要した時間に応じて報酬を請求するケースなどさまざまなケースを目にするようになりました．ただし，一般的には現在でも従来の標準額表の考え方が残っています．これによると，弁理士費用として，通常30万円〜60万円程度かかることになります．明細書が膨大となる分野や複雑な技術分野などでは，さらに費用がかかるケースが多いのが実状です．

さらに，きちんとした特許出願をするためには，**先行文献調査**が欠かせません．この先行文献調査についても，通常数万円以上の費用がかかります．

参考までに従来の標準額表に基づいた料金の例を以下の表2・1に紹介します．

表2・1 特許出願に関連する経費の例

項　目	手数料（円）	謝　金（円）	印紙代（円）
特許出願	180,000	100,000	14,000
請求項1項目ごとに加算する額	10,000	10,000	
要約書作成	4200		
電子出願手数料	8500		
明細書加工手数料	別途		
図面の加工手数料	別途		

表2・1の例に基づいて計算すると，たとえば，請求項が5個，明細書が20頁，図面5枚の出願の場合，明細書加工手数料を8000円/頁，図面を1枚4000円として，出願時におよそ40万円かかり，特許になった場合には，さらに14万円の謝金がかかることとなります．実際の出願は，もっと請求項が多く，明細書の枚数も多いケースがほとんどです．

> **メモ** 日本弁理士会が行った弁理士へのアンケート（2002年）によれば，特許請求の範囲および明細書20枚（現在の10枚程度），請求項20個，図面10枚のケースで，平均報酬額は出願時45万4000円で，成功報酬が平均23万2000円であった．ただし，この額はあくまで平均であり，報酬額には大きな差がある．

さらに，拒絶理由通知に対して，意見書と手続補正書を提出するたびに，弁理士報酬として12万円以上の費用がかかります．この額は，請求項の数が多いほど，また拒絶理由の引例が多いほど高くなります．また，拒絶査定不服審判を請求する場合は，弁理士報酬だけでおよそ19万円程度かかります．これらの額も弁理士と相談のうえ，決めることができます．一つの発明が特許されるまでには，目安として，通常"50万円～150万円程度"かかります．

上記の費用は，通常，特許出願人が負担します．したがって，研究者が発明した場合であっても，出願人が企業や大学であれば，上記の費用は，一般的に企業や大学が負担します．ただし，研究者が自ら出願する場合や，研究者が共同出願人になる場合は，持分に応じた費用を負担するのが一般的です．

2・4・3 特許後にかかる費用

特許になった場合には，毎年以下の表2・2に示される特許料が要求されます．

表2・2 特許後に必要な特許料（維持年金）

特許後1～3年	2100円＋1請求項当たり 200円/年
特許後4～6年	6400円＋1請求項当たり 500円/年
特許後7～9年	1万9300円＋1請求項当たり 1500円/年
特許後10年以降	5万5400円＋1請求項当たり 4300円/年

特許された後，特許権を得るためには，特許後1〜3年分の特許料を一時に納付する必要があります（特108条1項）．また，4年分以降の特許料は，前年までに納付する必要があります（特108条2項）．この特許料を納付しなければ，特許権は消滅します．

この**特許料**は，通常，特許権者が納付します．したがって，研究者が特許を受ける権利を企業などに譲渡した場合は，一般的に企業などが特許料を支払います．

2・4・4 特許出願の費用対効果

これまでみたように，特許出願には，それなりの費用がかかります．しかし，特許によってライセンス料を得られれば，その額は通常，出願費用とケタが違います．特許出願は，自分の力に基づいた投資として考えることもできるでしょう．

また，ベンチャー企業を創業する際には，やはり特許が必須となります．なぜなら，よい技術を開発しても，特許がなければ，資本力の潤沢な大企業に対抗できないケースが生じるからです．いずれにせよ費用対効果を勘案して，特許出願するかどうか，出願するとしても弁理士に依頼するかどうかを決める必要があります．

2・5 誰が発明者か？

2・5・1 はじめに

一般に研究開発は，複数の者によってなされます．したがって，多くの場合，発明にも複数の者が関与します．では，どこまで，どのように関与した者が発明者といえるのでしょうか．米国では，発明者を故意に偽って記載すると，権利行使ができなくなる場合があります．したがって，特に米国に出願する場合は，発明者を慎重に決定する必要があります．なお，特許権は，発明者ではなく特許出願人に与えられます．したがって，特許を受ける権利を企業に譲渡する場合であっても，自分が特許権者になるためには，特許出願人の一人として出願する必要があります．

2・5・2 特許法では

その発明について特許を受ける権利を承継していない者が出願した場合（**冒認出願**とよばれる），その出願は特許されません（特49条7号）．また，誤って特許が

付与された場合，その特許は無効とされます（特123条1項6号）．さらに，特許を受ける権利は，職務発明を除き（§4・2参照），原始的に発明者に帰属します．そして，発明が共同でなされた場合は，全員で出願しなければなりません（特38条）．よって，発明者が複数いるにもかかわらず，一部の発明者を除いて出願すれば，特許された後も**共同出願違反**として拒絶理由および無効理由を有することになります．すなわち，誰が発明者なのかは重要な事柄です．しかし，特許法にはどのような者が発明者になるかについての規定がありません．そこで，誰が発明者かについては，学説や判例を考慮する必要があります．

> **メモ** 特許法49条7号に「その特許出願人がその発明について特許を受ける権利を承継していないとき」は，拒絶される旨が規定されている．ただし，実際の審査段階では，願書に書かれている発明者が真の発明者かどうか判断することは難しい．したがって，発明者を誤って出願しても，通常は拒絶されない．ただし，発明者と特許出願人との関係が不明な場合は，特許を受ける権利が発明者から，特許出願人へ譲渡されたことを証明する**譲渡証**を提出するよう要求されることがある．

2・5・3　発明者についての通説・判例

特許法は，発明を技術的思想の創作であると定義しています．したがって，発明者を決める場合にも，誰が技術的思想の創作に現実に加担したかという観点から判断されます．そして，発明者とは，当該発明の創作行為に現実に加担した者だけを指し，単なる**補助者**[28]，**助言者**，**資金の提供者**あるいは単に命令を下した者は，発明者とはならないとされています[29]．これらの者は，創作行為に現実に加担していないからです．

```
──────── 発明者とは ────────
    発明の創作行為に現実に加担した者である．
```

---

[28] 指示に従いデータを取っただけの者などは，単なる補助者といえる．
[29] 中山信弘 著，"工業所有権法（上）（第2版増補版）"，59頁，弘文堂（2000）．

発明が完全に一人でなされた場合は，特に問題が起こりません．しかしながら，多くの場合は，発明は共同で創作されます．そして，どこまでが共同発明者なのかについて，一般的には，**着想**と**具現化**の2段階に分けて考え，判断します．

共同発明者とは，"二人以上の者が単なる協力でなく，実質的に協力し，発明を成立させた者をいう"とされています[*30]．ある者がまったく新しい着想を考え，その者とは別の者が具体化することにより，新たな発明を完成させた場合，一般的には，その着想を考えた者と，具現化した者とが共同発明者になります．ただし，その着想によっても，どのように具体的に課題を解決するかについて不明な場合には，その着想を提供したものは，発明の創作に関与していないので発明者ではないとされることがあります[*31]．

―― 共同発明者の考え方 ――
❶ 着想を考えた者 ――┐
❷ 着想を具現化した者 ―┴― 共同発明者

2・5・4 現実には

審査官は，通常，真の発明者を判断できません．したがって，日本では発明者を発明者として記載しないケースや，発明者でないものを発明者として出願するケースがあります．

ただし，はじめにも述べたように米国では，誰が発明者かはとても重要です．発明者でない者を，故意に発明者であると偽った場合や，故意に発明者をはずした場合，米国で特許が成立していても権利行使できなくなる場合もあります．したがって，特に米国へ出願する可能性がある出願については，発明者をきちんと定めて，出願することが望ましいといえます．

2・5・5 発明者の住所または居所

特許出願の際には，発明者の氏名の他，発明者の住所または居所を記載します（特36条1項2号）．発明者の住所が公開されることを防ぐため，発明者が企業に属し

[*30] 吉藤幸朔 著＝熊谷健一 補訂，"特許法概説（第13版）"，187頁，有斐閣（2001）．
[*31] 東京高裁平成3年12月24日判決，東京高裁平成15年8月26日判決．

ている場合，発明者の住所ではなく，発明者の居所を記載することが多いです．発明者の居所をどこにするかは企業によって異なっています．たとえば，発明者がある工場に勤務する場合は，その工場を発明者の居所とする場合もありますし，その企業の本社を発明者の居所とする場合もあります．

2・5・6 ラボノート

a．ラボノート ラボノートは，自分が発明者であることを証明するための最高の証拠になります．ラボノートは，ある発明を複数の者が共同で発明した場合に，誰が真の発明者であるか，誰の寄与度がどの程度かといったことを証明する証拠にもなります．したがって，ラボノートを適切に記載し，記録を残すことは，発明者自身を守ることにつながります．以下では，これを遵守することが望ましいと考えられるラボノートの記載について説明します．

b．ラボノートの記載 ラボノートには，**着想と具現化過程の両方を記載**します．また，発明者とは，ある着想を具現化（実施化）した者なので，これらの記載があることは，記載者が発明者であることの証拠にもなります．他人から着想を聞いた場合や，誰かと共同で着想を考えた場合には，いつ誰からその着想を聞いたのか，いつ誰と着想を考えたのかを明確に記載します．

実験を行う過程において，実験趣旨，実験計画，実験場所，実験内容，実験データ，結果と考察などを記載します．そして，実験内容については，使用した試薬，装置などをそれらの入手先も含めて，他人が追試できるように記載します[*32]．また，誰が実験をしたのか，誰が誰に実験をさせたのかなども記載します．実験内容を忘れることを防ぐため，実験を行った直後にラボノートを記載するとよいでしょう．

着想日から実施化の日までにおける発明を実施化するための継続した**勤勉性**（diligence）が認められなければなりません．そのため，日々の研究内容を書きとめるほかに，交換文書，購買請求などの情報も保存しておくことが望ましいといえます．また，たとえば，ある試薬を入手できないため実験を一時期中断するといった場合は，実験を中断する理由をラボノートに記載しておくことが望ましく，さらに，実施化の日を確立するためにも，ある成果が得られた場合は，二度以上同じ実験を繰返して行うことが望ましいといえます．

[*32] 他人が追試できる程度の実験内容の記載があれば，特許出願の際に，実施例とすることができ便利である．

c．ラボノートの証拠能力を高める　ラボノートの証拠能力を高めるためには，どのようにラボノートを記載し，管理すればよいでしょうか．まず，ラボノートとして，綴じられたページ番号の記載されたノート，特にハードカバーで製本されたノートを用いることが薦められます．バインダーなど，紙面を加除できるものは確かに便利です．しかし，ラボノートとしての信憑性が下がります．

　ラボノートのはじめの部分にノート番号，研究タイトル，著者情報，記載期間，および目次など書誌的事項に関するページを設けます．ラボノートに記載する場合は，鉛筆ではなく，退色しにくいインクを用います．あるページに余白ができる場合は，余白部分を斜線などで埋めて，後で加筆できないようにします．訂正箇所がある場合は，簡単でも訂正理由を記載し，誤記部分が読めるように二重線または斜線を引き，訂正の日付とサイン（またはイニシャル）を記載します．グラフなどラボノートにデータなどを貼り付ける場合は，貼り付けた部分とノートの境目をまたぐように（割り印のように），日付とサイン（またはイニシャル）を記載します．コンピュータを用いてラボノートを付けている場合も，プリントアウトしてハードカバーのラボノートに貼り付けて，割り印式のサインをすることが望ましいといえます．また，データが大量である場合など，ほかの媒体にデータが記憶される場合は，そのデータの記録先を記録し，その記録先のデータを改変できないものとするとよいでしょう．また，複数のテーマを並行して行っている場合も，空白ページができないようにするために，実験を行った順にラボノートを記載することが望ましいでしょう．その場合，そのテーマごとにページを変えて記載し，たとえば，ページの上部などにテーマ（プロジェクト名）を記載します．

　なお，研究所や企業として，上記のようなラボノート記載規則を定めて，それを研究者に浸透させ，規則どおりに管理・運営を行っていることが，ラボノートの信憑性を高めることとなります．たとえば，勤務規則にラボノート記載規則を定める方法や，講習を行う方法のほか，ラボノートの最初の数ページに，ラボノート記載規則を書いたページをつくり，ラボノートを使用する者にサインをさせるといった方法が有効です．また，すべてのラボノートは，厳重に管理する必要があります．ラボノートを発行した場合，誰に渡したかなどをラボノート番号とともに管理して，研究者が退職する際にラボノートを持ち出さないようにすることが望ましいといえます．ただし，ラボノートの記載をあまり厳格にルール化することは，研究者の研究活動を妨げる場合もあるので，バランスを考えて妥当なルールを作成することが大切といえます．

2・6 拒絶理由への対応

2・6・1 はじめに

　審査官は，拒絶査定の理由を発見した場合，出願人にその理由を通知し，出願人に**意見書**を提出する機会を与えます．すなわち，出願人は，拒絶理由通知に対して，意見書を提出することにより対処できます．さらには，意見書とともに**手続補正書**を提出することもできます[*33]．意見書ではどのようなことを主張すればよいのでしょうか．また，弁理士に出願を依頼している場合，どのようなことを弁理士に伝えればよいのでしょうか．

　特許権の効力範囲は，"特許請求の範囲に記載された発明"です．そして，特許請求の範囲には，複数の請求項を設けることができます．日本では，すべての請求項に拒絶理由がない場合にはじめて特許されます．たとえば，請求項が五つあって，そのうち四つに拒絶理由がなく特許できる状態であっても，残りの一つに拒絶理由があれば，出願全体として拒絶されます．出願全体として拒絶されることを回避するためには，意見書や手続補正書により請求項1を特許を受けることができる状態にするか，請求項1を削除することがあげられます．

> **メモ** たとえば，以下の状態では出願Xが拒絶され，請求項2～5についても特許されない．
> 出願X：　請求項1→✗（拒絶理由あり），請求項2→○（拒絶理由なし），
> 　　　　　請求項3→○（拒絶理由なし），請求項4→○（拒絶理由なし），
> 　　　　　請求項5→○（拒絶理由なし）

　手続補正書については後の項（§2・6・5）で解説します．以下では，拒絶理由通知への対応のうち，最も重要な"新規性および進歩性に対する**意見書への対応**"について説明します．

[*33] 拒絶理由通知に対しては，分割出願（§2・6・7）をすることにより対処することもできる．また，一般的ではないが，出願から1年以内に拒絶理由が通知された場合は，国内優先権主張出願（§2・7）をすることにより対処できる場合もある．

2・6・2 前 提

拒絶理由通知を受け取った場合，最初にすべきことは，その拒絶理由通知の内容をよく読むことです．まず，拒絶理由通知に記載されている出願番号に基づいて，拒絶理由が通知された出願がどの出願かを確認します．その後に，拒絶理由の根拠条文を確認します．その理由が，特許法29条1項各号（通常は29条1項3号）であれば，新規性がないと判断され，特許法29条2項であれば，進歩性がないとされています．特許法29条の2であれば，拡大先願（先の出願に記載された発明と同一）により拒絶されています．また，特許法36条6項違反であれば，特許請求の範囲の記載が不備であり，特許法36条4項違反であれば，明細書の発明の詳細な説明の欄の記載不備ということです．

拒絶理由のおもな根拠条文

❶ 特許法29条1項各号 ⟶ 新規性なし
❷ 特許法29条2項 ⟶ 進歩性なし
❸ 特許法29条の2 ⟶ 拡大先願
❹ 特許法36条6項 ⟶ 特許請求の範囲の記載不備
❺ 特許法36条4項 ⟶ 明細書の記載不備

そして，新規性がないまたは進歩性がないと判断された場合は，その根拠となる文献名が拒絶理由通知に記載されています．それらの文献（引用文献）が発行された日が，出願日[*34]以前のものかどうか検討します．

2・6・3 新規性がないと判断された場合の意見書

a．検討対象 特許請求の範囲に記載された発明と，審査官が拒絶理由通知において引用した引用文献に記載された発明（引用発明）とが同一である場合に"新規性がない"とされます．研究者は，出願した実施例と引用文献の実施例とを対比

[*34] 優先権主張出願の場合には，文献の発行日が優先日（優先権主張の基礎となる出願のうち最も先の出願の出願日）以前のものかどうかを検討する．

する傾向があります．しかし，実際には特許請求の範囲に記載された<u>発明</u>が，引用文献に開示された<u>発明</u>と異なることを説明しなければなりません．実施例のレベルでは，引用発明と差異があっても，特許請求の範囲は通常，実施例より広いので，新規性がないと判断される場合があります．

b．引用文献の検討　引用文献を入手した後は，引用文献に，本当に拒絶理由通知に記載されているような発明が開示されているかを検討します．審査官といえども，引用文献を誤解している場合があります．そのような場合は，引用文献にどのような技術が開示されているか説明することにより，審査官の誤解を解くことができます．

また，引用文献に，ある物が言葉として記載されていても，その文献の記載事項や技術常識に基づいて当業者がその物を作ることができない場合は，その物はその文献に記載されたことになりません．たとえば，ある文献に化学物質名が記載されていても，その化学物質を製造することが技術常識でなく，その文献にその化学物質を製造する方法が開示されていない場合，その文献にはその化学物質が記載されたことにはなりません．方法の発明についても，その文献に記載された事項や技術常識に基づいて当業者がその方法を行うことができなければ，その方法はその文献に記載されたことにはなりません．

これらの場合には，引用文献には，拒絶理由通知に記載された発明が記載されていないことを主張することができます．

c．特許請求の範囲，明細書，または図面の補正　引用文献を検討した結果，引用文献に記載された発明（引用発明）が，特許請求の範囲に記載された発明と同一であると考えられる場合は，その部分を手続補正書により削除する補正を行います．

そして，意見書で，その補正書が，出願時の明細書などに開示した範囲内の補正であることを説明します．そのうえで，補正後の"特許請求の範囲"に記載された発明が，特許を受けることができるものであることを説明します．

なお，引用発明が特許請求の範囲に記載された発明と同一でないと考えられる場合でも，拒絶されていない発明を残して，拒絶されている発明を削除するとともに分割出願することも考えられます．そうすると，拒絶されていない発明については，早期に権利化を図ることができます．

> **メモ** たとえば，特許請求の範囲に，発明Aと発明Bとが記載されており，発明Aについて拒絶理由が通知され，発明Bについては拒絶理由が通知されていないとしよう．この場合，発明Aを削除する補正をすれば，発明Bについては早期に権利化を図ることができる．さらに，削除した発明Aについては，分割出願（§2・6・7）をすれば，もう一度審査官に審査してもらうことができる．
>
>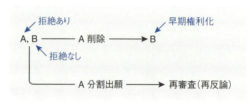

2・6・4 進歩性がないと判断された場合の意見書

a．引用文献の検討　　進歩性がないと判断された場合も，基本的には新規性がないと判断された場合と同様に，引用文献を取り寄せ，引用文献の内容について審査官に誤解がないか検討します．誤解があった場合は，その旨を説明します．

そして，出願された発明と引用発明との一致点と相違点とを明らかにした上で，これらの発明は，目的，構成，作用，および効果が異なるので，別の技術思想であることなどを説明します．これにより，請求項に記載された発明が，引用発明に基づいて容易に発明をすることができたものではないことを明らかにします．

b．効果の相違　　特に化学物質や医薬などに関する発明では，引用発明と効果が異なれば進歩性が認められる可能性があります．一般には，引用発明と同質であるが顕著な効果がある場合や，引用発明とは異質な効果がある場合に進歩性が認められるとされています．このような効果は，基本的には明細書に基づいて主張します．しかし，実験成績証明書を提出して，引用発明との効果の差異を主張する場合もあります．通常，意見書提出期間は，拒絶理由通知から60日です．この期間は3カ月間延長できますが，実験成績証明書を作成する場合は，期間がタイトになりますので，拒絶理由通知を検討して，実験をする必要があれば早めに手配する必要があります．

2・6・5 補　正　書

特許出願をした後に，明細書，特許請求の範囲または図面を補正することができ

ます*35．このように，明細書などを補正することを，方式不備に対する**方式補正**と区別して，**実体補正**ともよびます．補正が認められると，出願時にさかのぼって，補正後の内容で出願されたこととして扱われます．

　明細書などは，出願当初に完全なものを作成するのが望ましいといえます．しかし，できるだけ早く出願することが望まれるので，現実にはそれは困難です．また，一部に不備がある場合に，全体として特許されないのでは，発明の保護に欠けることになります．一方，補正を無制限に認めると，第三者に不測の不利益を与える可能性があります．

　そこで，一定期間に限り，一定内容の補正のみをすることができます（特17条の2など）．以下では，実体補正（以下単に"補正"）の内容について説明します*36．

2・6・6　補正の内容

a．補正できる者　　出願人のみが補正できます．
b．補正できる時期　　以下，補正できる時期を五つの期間に分けて説明します．

❶ 原　則

特許出願の後，特許査定の謄本が送達されるまでは，原則としていつでも補正できます（特17条の2第1項本文）．ただし，一度でも拒絶理由が通知された後は，補正できる機会が制限されます．

❷ 最初の拒絶理由通知後

最初の拒絶理由通知を受けた後は，審査官により指定された意見書提出期間内（通常60日，3カ月間延長可）に補正できます（特17条の2第1項1号）．

❸ 先行技術文献の開示通知後

拒絶理由通知を受けた後に先行技術文献の開示通知がされた場合，先行技術文献の開示通知（特48条の7）に対する指定期間内にも補正できます（特17条の2第1項2号）．"先行技術文献の開示通知"とは，明細書に発明者が知っている公知文献を記載していないと判断されたときに出される通知です．なお先行技術文献の開示通知は拒絶理由の通知ではありません．したがって，この通知を受けても，拒絶理由通知を受ける前であれば，原則通り，特許査定の謄本が送達されるまでは，いつでも補正できます．

---

*35　なお，要約書は，優先日から1年3カ月以内であれば，補正することができる（特17条の3）．
*36　補正ができるかどうかについては，審査基準および審査基準の事例集を参照．

❹ 最後の拒絶理由通知後

最後の拒絶理由通知を受けた後は，審査官により指定された意見書提出期間内（通常60日）に補正できます（特17条の2第1項3号）．"最後の拒絶理由通知"とは，最初の拒絶理由通知に対する補正により新たに通知することが必要となった拒絶理由通知を意味します．したがって，2回目以降の拒絶理由通知であっても，最後の拒絶理由通知になるとは限りません．また，最後の拒絶理由が通知された後に別の拒絶理由が通知されることもあります．

❺ 拒絶査定不服審判請求後

拒絶査定不服審判（特121条1項）を請求した場合，審判請求と同時であれば，補正することができます（特17条の2第1項4号）．なお，審判請求後であっても，拒絶理由が通知される場合があります．その場合は，拒絶理由通知に対する応答期間内に補正することができます．

濃い色で示した部分が補正できる期間．
図2・6 補正できる期間

c. 補正できる範囲 補正できる範囲は，上記五つの期間のうち ❶ ～ ❸ と，❹ または ❺ とでは大きく異なります．

[i. 上記 ❶ ～ ❸ の期間における補正]

上記 ❶ ～ ❸ の期間においては，出願当初の明細書，特許請求の範囲，または図面（明細書など）に記載した事項の範囲内の補正が認められます（特17条の2第3項）すなわち，"当初明細書などに記載した事項"の範囲を超える内容を含む補正（**新規事項を追加する補正**）は，許されません．新規事項を追加する補正をした場合は，拒絶査定の理由（特49条1号），異議理由（特113条1号），および無効理由（特123条1項1号）になります[*37]．

"当初明細書などに記載した事項"とは，"当初明細書などに明示的に記載された事項"だけではなく，明示的な記載がなくても"当初明細書などの記載から自明な

事項"も含むとされています."当初明細書などの記載から自明な事項"とは，当初明細書などに接した当業者が，その事項がそこに記載されていると同然であると理解するようなものです．

> **メモ** 出願後に補正できる事項は，限定されている．したがって，出願時に補正の根拠となる事項を明細書などに書いておく必要がある．

なお，補正後の発明が，複数の構成要件からなる場合，それぞれの構成要件が当初明細書に開示されていただけでは十分ではなく，それらの構成要件が結合した発明が当初明細書に開示されていなければなりません．たとえば，補正後の請求項に記載の発明が構成要件A～Cからなる発明である場合，構成要件A～Cを組合わせた発明が当初明細書に記載されていなければなりません．たとえば，A+Cからなる発明とB+Cからなる発明とが，別の実施例として記載されていたような場合は，構成要件A～Cという発明が当初明細書に開示されていたことにはならない場合があります．また，当初明細書では，構成要件A～Dからなる発明のみが開示され，構成要件Dが必須の構成要件とされていた場合には，構成要件A～Cのみの発明は，当初明細書に開示されていなかったとされる場合があります．

[ii. 上記 ❹ または ❺ の期間における補正]

上記 ❹ または ❺ の期間における補正は，上述した"当初明細書などに記載した事項"の範囲での補正の要件に加え，さらに狭い範囲でしか補正できません．すなわち，明細書に記載された事項であっても，特許請求の範囲を広げる補正はできません．これは，すでに行った審査結果を有効に活用できる範囲内で補正を認めるという趣旨です[*38]．

[*37] 以前は，"明細書の記載から直接的かつ一義的に導き出される事項"についてのみ補正できるとされていた．しかし，平成16年度の審査基準の改訂により，その基準が改められた．なお，さらに以前は，新規事項の追加ではなく，要旨変更か否かで補正の適否が判断されていた．

[*38] 請求の範囲が広くなれば，新たな先行文献調査が必要となり，審査が遅延する．そこで，上記 ❹ や ❺ の期間の補正については，特許請求の範囲を広くするような補正を認めないことになった．なお，上記 ❶～❸ の期間であれば，特許請求の範囲を変える補正であっても，当初明細書などの範囲内であれば認められる．たとえば，出願時の特許請求の範囲に発明Aと発明Bとを開示し，明細書に発明A～Eを開示していた場合，補正により特許請求の範囲に記載の発明を発明Cと発明Dのようにすることもできる．

具体的には，特許請求の範囲の補正は，"当初明細書などに記載した事項"の範囲内でなければならないほか，請求項の削除，一定の限定された特許請求の範囲の減縮，誤記の訂正，拒絶理由通知に示された明瞭でない記載の釈明，に限り認められます（特17条の2第3項，4項）．

このように，上記❹または❺の期間の補正は，補正できる範囲が限られています．しかし，"分割出願"は，出願当初明細書の範囲内で行うことができます．したがって，上記❹または❺の期間に出願当初明細書の範囲で権利化を図りたい場合は，つぎに述べる分割出願をすればよいこととなります．

> #### コラム 補正できる範囲について
>
> 特許出願をした後に，拒絶理由を回避するためや，特許請求の範囲を整備するために，明細書などを補正したい場合があります．では，特許請求の範囲，明細書および図面（明細書など）をどこまで補正できるのでしょうか？
>
> 平成5年12月末までの特許出願については，発明の要旨を変更する補正は認められないという，いわゆる要旨変更が補正の基準とされていました．この基準のもとでは，比較的補正の自由度が高く，明細書などに開示されていない事項であっても追加することができました．
>
> 一方，平成6年以降の特許出願については，「当初明細書等に記載した事項の範囲内」で補正できると改正されました．これまで，平成6年以降の出願については明細書の記載事項から"直接的かつ一義的に導き出せる事項の範囲内"でのみ補正が認められていました．すなわち，補正できる事項は，基本的には言葉として明示的に記載された事項に限定されていました．
>
> しかし，2004年に審査基準が改訂され，「当初明細書等に記載した事項」とは，「当初明細書等に明示的に記載された事項」と「当初明細書等の記載から自明な事項」も含むこととされました．その後，知財高裁平成20年5月30日判決により，「『当初明細書等に記載した事項』とは，当業者によって，当初明細書等のすべての記載を総合することにより導かれる技術的事項である．したがって，補正が，このようにして導かれる技術的事項との関係において，新たな技術的事項を導入しないものであるときは，当該補正は，『当初明細書等に記載した事項』の範囲内においてするものということができる．」と判示されました．やはり，特許出願時に，将来起こりうるあらゆる事態を想定して，補正の根拠となる事項をしっかりと記載しておくことが望ましいのです．なお，補正に関しては，審査基準や"補正が許される，または許されない事例"についての事例集が，特許庁のホームページにアップロードされています．

2・6・7 分割出願

　出願の分割とは，二つ以上の発明を包含する特許出願の一部を，一または二以上の新たな特許出願に分割することをいいます（特44条）．

　分割出願を利用することで，一つの出願を，複数の出願に分けて権利化を図ることができます．ある部分だけ早く権利化したい場合や，どうしても権利化したい場合などに有効です．ただし，分割出願も出願審査請求をする必要があるなど，通常の出願と同様の費用がかかります．以下では，分割出願の内容について説明します．

2・6・8 分割出願の内容

a．分割出願をできる者　特許出願人が，分割出願をすることができます．

b．分割出願できる対象　分割される特許出願（親出願や原出願とよばれる）は，分割出願時に特許庁に係属している必要があります．"特許庁に係属している"といえるためには，分割出願しようとする特許出願（親出願）が，すでに取下げ，放棄，却下されておらず，拒絶査定が確定していない必要があります．なお，分割出願（子出願）に基づいて，さらに分割出願（孫出願）をすることもでき[*39]，どこまでも子孫出願を残すことができます．

c．分割出願に求められる要件　分割出願は，原出願の"当初明細書などに記載した事項"の範囲内である必要があります．この要件を満たさない場合，後述する分割出願の効果を得ることができません．また，分割出願は原出願の内容をそのまますべて分割したものではないことが必要です．さらに，原出願の特許請求の範囲に記載された発明と，分割出願の特許請求の範囲に記載された発明が同じ発明であってはなりません．この場合，先願主義（特39条）に反し，拒絶されます．

d．分割出願できる時期　補正できる期間，最初の拒絶査定の日から3カ月以内，特許査定の日から30日以内に，分割出願することができます[*40]．最後の拒絶理由通知に対する応答期間や拒絶査定不服審判請求時は，補正できる範囲が限定

[*39] 審査基準では，"原出願（以下，親出願という）から分割出願（以下，**子出願**という）をし，さらに子出願を原出願として分割出願（以下，**孫出願**という）をした場合には，子出願が親出願に対し分割要件のすべてを満たし，孫出願が子出願に対し分割要件のすべてを満たし，かつ孫出願が親出願に対し分割要件のうちの実体的要件のすべてを満たすときは，孫出願を親出願の時にしたものとみなす"とされている．

[*40] ただし，拒絶査定不服審判を請求した後に特許査定された場合は，分割出願できない（特44条1項2号括弧書）．

されます．しかし，分割出願であれば，原出願に開示された範囲で新たな出願をすることができます．よって，上記の期間に原出願に開示された範囲内で，請求の範囲を広げた権利を取得したい場合は，分割出願が有効です．

e. 分割出願の効果　分割が適法な（要件を満たす）場合は，原出願の出願日が分割出願の出願日とされます．それゆえ，分割出願の出願日は，原出願の出願日と同じなのです．新規性などの特許要件や存続期間は，原出願の出願日を基準に判断されます．

一方，分割が不適法な（要件を満たさない）場合は，出願日が遡及しません．すなわち，分割出願の出願日をもって，特許性が判断されます．その結果，原出願を引用文献として進歩性がないとされる場合が多いのです．

f. 分割出願の例　以下では図2・7に示した例をもとに分割出願を説明します．

X年X月X日に出願Xをしたとします．そして，出願Xは，特許請求の範囲に発明Aと発明Bとを記載し，明細書または図面に発明A〜Eを記載していたとします．

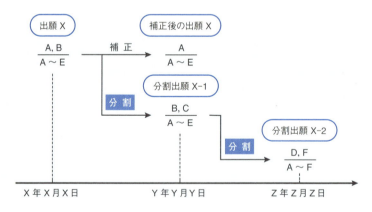

分母：明細書または図面に記された発明．分子：特許請求の範囲に記された発明．
図2・7　分割出願の例

Y年Y月Y日に出願Xを補正し，特許請求の範囲に記載の発明が発明A，明細書または図面に記載の発明が発明A〜Eとなるように補正しました．そして，特許請求の範囲に記載の発明を発明Bおよび発明C，明細書または図面に記載の発明を発明A〜Eとする分割出願X-1をしました．

また，Z年Z月Z日に，分割出願X-1を原出願として，特許請求の範囲に記載の発明を発明Dと発明F，明細書または図面に記載の発明を発明A～Fとする分割出願X-2をしました．発明Fは，分割出願X-1に記載された事項の範囲内ではありません．

この場合，分割出願X-1は，特許請求の範囲に記載された発明が親出願Xと異なり，しかも，明細書などに記載された発明が，原出願に記載された範囲のものですから，適法な分割出願です．よって，分割出願X-1の出願日は，出願Xの出願日となります．そして，新規性などは，出願Xの出願日を基準に判断されます．

一方，分割出願X-2は，原出願に開示されていない発明である発明Fを含んでいます．すなわち，分割出願X-2は，分割出願の要件を満たしません．よって，分割出願X-2の出願日は，出願X-2の現実の出願日となります．

g. 審査請求　分割出願は新たな特許出願です．したがって，原出願で出願審査の請求をした場合であっても，分割出願について改めて出願審査の請求をしなければなりません．分割出願の際に，原出願の出願日からすでに3年を経過していても，分割出願から30日以内に出願審査の請求をすることができます（特48条の3第2項）．

h. 出願公開　分割出願も特許出願です．このため，分割出願も出願公開（特64条）されます．分割出願は，原出願（親出願）の出願日に出願されたものとして扱われます（特44条2項）．すると，分割出願の際には，すでに優先日から1年6カ月以上経過している場合があります．その場合，分割出願後に出願が公開されます．公開公報を用いて統計をとられている方は，分割出願に留意する必要があります．

2・7　国内優先権制度

2・7・1　はじめに

国内優先権制度を簡単に説明すると，一度日本に出願しておいて，その出願から1年以内であれば，さらに内容を追加した特許出願をすることができる制度です．新規性などの判断日は，基本的には最初の出願時となり，存続期間は後の出願の日から20年となります．ですから，国内優先権制度を利用すると，特許権の存続期間が実質1年延びることとなります（次ページの図2・8）．

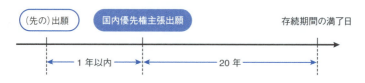

図2・8　国内優先権主張出願

2・7・2　優先権とは

日本にした出願から1年以内であれば"優先権"を主張して外国に出願できます．その逆に，外国人は，出願から1年以内であれば，外国でした出願に基づく"優先権"を主張して日本に出願できます．

以下，図2・9を用いて外国人が優先権を主張して日本に特許出願をした場合の取扱いについて説明します．出願された発明を"発明ア"，外国でした出願を"出願A"とし，優先権を主張して日本にした出願を"出願B"とすると，日本の出願である"出願B"の存続期間は，出願Bの出願日から20年となります[*41]．そして，新規性や進歩性などの判断は，基本的には出願Aの時点となります[*42]．すなわち，

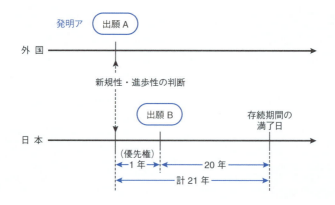

図2・9　外国人が発明アを外国で出願後，日本でも優先権を主張して出願した場合

[*41] 医薬・農薬関係の発明の場合，最大で5年間の存続期間の延長が認められるので，存続期間は出願Bの出願日から最大25年間となる．
[*42] ただし，優先権の効果を受けるためには，出願Bの請求項に記載された発明が，出願Aに開示されていなければならない．

外国人は，発明アを出願してから実質的に21年間（出願Aの出願時から，出願Bの出願日より20年まで）特許により保護されるのです．

これでは，日本人の発明に対する保護が薄いことになってしまいます．そこで設けられたのが，"国内優先権制度"です．すなわち，国内優先権制度とは，日本にした出願（"先の出願"という）から1年以内であれば，優先権を主張して，日本に出願できるようにした制度をいいます（特41条）．そして，その効果も優先権の効果と同様です．以下では，国内優先権制度について説明します．

2・7・3 国内優先権制度の内容

a．国内優先権を主張できる者　国内優先権を主張するためには，後の出願と先の出願の出願人が同一でなければなりません[*43]．

b．国内優先権の先の出願　国内優先権の基礎とできる先の出願は，特許出願または実用新案登録出願です．ただし，先の出願は，国内優先権を主張する際に，特許庁に係属している必要があります．すなわち，先の出願が放棄，取下げ，却下されてはならず，査定が確定していてもいけません．また，先の出願は，分割出願や変更出願であってはなりません．

> メモ　分割の子出願に基づく優先権を主張して，国内優先権主張出願をすることはできないが，親出願に基づく優先権を主張して，国内優先権主張出願をすることはできる．

c．先の出願に開示された発明か　国内優先権の効果は，国内優先権主張出願に係る発明[*44]が，先の出願に開示された場合に発生します．先の出願に開示されていたかどうかは，単に文言だけに基づいて判断するのではありません．もしも，先の出願に文言が記載されていても，発明として記載されていなければ，先の

[*43] たとえば，出願人Aが特許出願Aをし，その出願Aの特許を受ける権利をBに譲渡した場合，出願人Bが特許出願Aに基づく優先権を主張して，国内優先権主張出願を行うことができる．

[*44] 国内優先権主張出願の特許請求の範囲に記載された発明を，"国内優先権主張出願に係る発明"とよぶ．このように"出願に係る発明"とは，特許請求の範囲に記載された発明を意味する．

出願に開示されたことにはなりません．たとえば，先の出願では機能が不明なまま遺伝子配列だけを特定し出願したとします．この場合，その遺伝子配列は，"発明"ではありません．したがって，後日その遺伝子配列の機能を解明し，先の出願に基づく優先権を主張した出願をしたとしても，優先権の主張の効果は認められません．

> **メモ** 東京高裁平成5年10月20日判決"B-530A 誘導体"事件では，第1国（米国）での発明を，第2国（日本国）の特許法に基づいて，発明未完成と判断した．その上で，文言上同一であっても，第1国出願にかかわる発明が未完成である以上，優先権の利益は享受できないとした．発明未完成とされたおもな理由は，製造方法として引用した米国出願が未公開だったことによる．
>
> また，東京高裁平成13年3月15日判決"イムノアッセイ事件"では，第1国出願の出願書類に日本の特許法が要求する実施可能な程度に発明が記載されていないと判断されるが，優先権主張出願の際に実施例を追加することにより，はじめて実施可能となる場合は，優先権の利益を享受できないとしている．

また，先の出願に開示された発明の上位概念や下位概念についても，先の出願に開示された発明とはいえない場合があります．発明とは，ある課題に対する解決手段ですから，先の出願になかった構成を採用することにより，先の出願に開示された発明と別の効果を奏するような発明は，先の出願に開示された発明ということはできません．実施例を追加して，その追加された実施例に基づく請求項を含んだ国内優先権主張出願をすることがあります．しかし，このような場合に，新たな請求項部分の特許性の判断時については，現実の出願日とされる場合もあります[45]．

---

[45] 東京高裁平成15年10月8日判決"人工乳首事件"では，「後の出願に係る発明が先の出願の当初明細書等に記載された事項の範囲のものといえるか否かは，単に後の出願の特許請求の範囲の文言と先の出願の当初明細書等に記載された文言とを対比するのではなく，後の出願の特許請求の範囲に記載された発明の要旨となる技術的事項と先の出願の当初明細書等に記載された技術的事項との対比によって決定すべきであるから，後の出願の特許請求の範囲の文言が，先の出願の当初明細書等に記載されたものといえる場合であっても，後の出願の明細書の発明の詳細な説明に，先の出願の当初明細書等に記載されていなかった技術的事項を記載することにより，後の出願の特許請求の範囲に記載された発明の要旨となる技術的事項が，先の出願の当初明細書等に記載された技術的事項の範囲を超えることになる場合には，その超えた部分については優先権主張の効果は認められないというべきである．」としている．詳細は，廣瀬隆行, '優先権制度における発明の同一性について', パテント, 58巻7号（2005）を参照．

2・7 国内優先権制度

コラム 優先権が認められる範囲とは…

　国内優先権主張出願の例ではありませんが，優先権が認められる範囲を考える上で面白い判例を紹介します．

　［東京高裁昭和61年11月27日判決 ── テクスチャヤーンの製造法 ──］

　事案の概要　　日本出願は，第1～第3の三つの出願に基づく優先権を主張する出願でした．そして，その日本出願の請求項1は，構成要件a～hにより構成され，構成要件hは，フィラメント間摩擦係数は0.37以下というものでした．第1～第3の三つの優先権の基礎出願の開示内容は以下のとおりです．

　　　　　第1優先　a～gあり，hなし；
　　　　　第2優先　a～gあり，hは0.20～0.34；
　　　　　第3優先　a～gあり，hは0.37以下；

　この例では，本願の請求項1に係る発明の構成要件hが0.20～0.34のものについての判断基準日は，第2優先の日であり，その余の部分についての判断基準日は第3優先の日であると判断されました．

　すなわち，請求項1の中でも，発明によっては，新規性などの判断基準日が異なるように解釈されるのです．

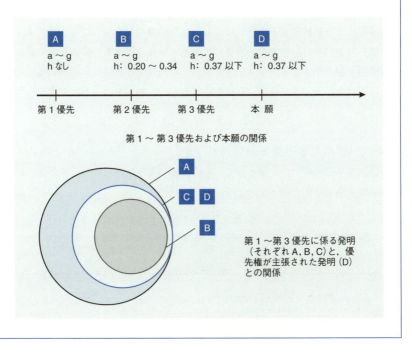

第1～第3優先および本願の関係

第1～第3優先に係る発明（それぞれA, B, C）と，優先権が主張された発明（D）との関係

d．国内優先権の主張期間　国内優先権主張出願は，最初の出願から1年以内にする必要があります．最初の出願から1年以内であれば，複数の出願に基づく優先権を主張した国内優先権主張出願をすることもできます．なお，実用新案登録出願は，出願後早期に登録されます．登録後は，優先権の主張の基礎にできなくなります．

e．国内優先権主張の効果　先の出願と，国内優先権主張出願との両方に開示された発明については，新規性や進歩性などの判断が先の出願時になります．ただし，特許権の存続期間や，出願審査請求期間は国内優先権主張出願の出願日を基準に計算します．なお，先の出願は，先の出願のその出願日から1年3カ月後に取下げられたものとみなされますが，通常は国内優先権主張出願に先の出願の内容をすべて盛り込むので不利益はありません．

2・8　拒絶査定不服審判について

2・8・1　はじめに

　審査官により出願が**拒絶査定**されたとしても，諦める必要はありません．審判官の合議体による**拒絶査定不服審判**により，さらに権利化を図ることができます．先に説明したとおり，拒絶査定不服審判を請求すれば，明細書，特許請求の範囲，または図面を補正することができます．逆に，拒絶査定が送達された場合に，拒絶査定不服審判を請求しなければ，拒絶査定が確定し，特許をとる手段が完全に失われます．

2・8・2　拒絶査定不服審判の流れ

　拒絶査定不服審判は，原則として，拒絶査定の謄本送達日から3カ月以内に請求する必要があります（特121条1項，図2・10）．

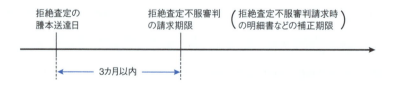

図2・10　拒絶査定から補正期限まで

2・8 拒絶査定不服審判について

> **メモ** 拒絶査定不服審判の請求期間には例外がある．請求人の責めに帰することができない理由により3カ月以内に請求できなかったときは，理由がなくなった日から14日以内で，かつ期間経過後6カ月以内であれば拒絶査定不服審判を請求できる（特121条2項）．

拒絶査定不服審判には，**審判請求人**（通常は特許出願人），**審判事件の表示**（特許出願の番号）と，**請求の趣旨**および**請求の理由**を記載します．

請求の趣旨とは，「特願○○の拒絶査定を取消す，特願○○は特許する，との審決を求める」というように，拒絶査定不服審判が認められた場合の審決の主文となるもののことを意味します．

拒絶査定不服審判の審判請求書には，**請求の理由**として，特許出願が特許されるものであることについて審判請求人の主張を記載します．また，拒絶査定不服審判の請求と同時に明細書を補正した場合は，請求の理由として，補正後の出願が拒絶理由を克服し，特許されるものであるという主張を行います．

拒絶査定不服審判を請求した後では，新たな拒絶理由が通知される場合を除き，原則として明細書を補正することができません．そうすると，拒絶査定の謄本が送達されてから3カ月以内に，最終的な補正の内容も併せて検討する必要があるといえます．

明細書などを補正できる期間は，審判の請求と同時に限定されています（特17条の2第1項4号）．さらに，補正できる範囲も，限定されています[*46]．この拒絶査定不服審判を請求することにより可能となった明細書などの補正がなされた場合は，出願が，後述する"審査前置"（"前置審査"ともいう）に係属します．一方，この補正がなされない場合は，3人または5人の審判官の合議体が審理を行います．補正をすることができる期間であれば，分割出願を行うことができます．また，拒絶査定を受けた場合，拒絶査定不服審判を請求せずに，分割出願を行って特許化を目指すこともできます．もっとも，一度拒絶査定不服審判を請求した場合は，原則として，補正や分割出願する機会が限られます．たとえば，通常であれば，特許査定された際に分割出願できますが，拒絶査定不服審判を請求した場合は特許審決

[*46] 基本的には請求項の範囲を狭くする補正しかできない．明細書に開示された範囲で権利化を図りたい場合は，そのような内容を請求項に取入れた分割出願を行う（§2・6・7）．

(または特許査定）時に分割出願できません．拒絶査定不服審判の事件の中で，改めて審判官の合議体が拒絶理由を通知してくれることがあります．その場合は，補正や分割出願をすることができます．拒絶査定不服審判を請求する場合，保険のために，分割出願もしておくということがよく行われています．

> **メモ** 審判官の合議体が審理するためには，出願に係る発明の内容や引用文献に開示された発明の内容を理解しなければならないので，時間がかかる．一方，拒絶査定をした審査官であれば，それらの内容を熟知しているので，補正後の内容ですぐ特許できると判断できる場合もある．そこで，拒絶査定をした元の審査官に補正後の内容で特許できるかどうかをまず判断させることとした（審査前置制度）．

2・8・3 審査前置制度

出願が**審査前置**（前置審査）に係属した場合，拒絶査定をした元の審査官がその出願を再審査します（特 162 条など）．そして，審査官は，まず審判請求時の補正の適否について審査し，その後は通常の審査と同様に審査を進めます（特 163 条 1 項で準用する特 48 条など）．

❶ 審判請求時の補正により拒絶査定の理由が解消し，出願が特許できる場合は，特許査定を行います（特 163 条で準用する特 51 条）．

❷ 審判請求時の補正により拒絶査定の理由が解消した場合で，新たな拒絶理由を発見した場合は，改めて拒絶理由を通知します．これに対して，出願人は，意見書を提出するとともに補正書を提出できます（特 163 条 2 項で準用する特 50 条）．意見書などによって拒絶理由が解消すれば，❶と同様に特許査定がなされます．

❸ 審判請求時の補正によっても拒絶査定の理由が解消しない場合や，審判請求時の補正が不適法な場合は，その結果を特許庁長官に報告します（特 164 条 3 項）．この報告があった後に，審判官の合議体による審理に移行します（特 137 条 1 項）．ここからは，通常の審判手続により審理されます．すなわち，拒絶査定不服審判を請求すると同時に明細書などを補正しなければ，上記の❷のケースを除いて，原則として，補正ができないのです．

2・8・4 拒絶査定不服審判の審理

審判は，審判官の合議体が審理します（特 136 条 1 項）．

❶ 合議体が，拒絶査定の理由が維持される（すなわち出願が特許されない）と判断した場合は，**拒絶審決（請求棄却審決）** を出します[*47]。

❷ 拒絶査定の理由が解消されたものの，合議体が拒絶査定の理由とは別の新たな拒絶理由を発見する場合があります．この場合は，請求人に改めて拒絶理由を通知します．この拒絶理由通知に対して，出願人は意見書を提出するとともに補正書を提出できます（特159条2項で準用する特50条）．補正によっても拒絶理由が解消しないときは，拒絶査定の結論が維持されるので，拒絶審決を出します（審査官の出した"拒絶査定の理由"では拒絶できないが，結論としては，出願が特許を受けることができないため，"拒絶査定を維持する"という結論が出される）．

❸ 一方，合議体が，すべての請求項に記載された発明に，拒絶理由がないと判断した場合は，**特許審決（請求認容審決）** を出します．

すなわち，拒絶査定不服審判では，基本的には，特許要件を満たす請求項があっても，特許要件を満たさない請求項があれば出願全体が拒絶され，分割などにより救済できないのです．

なお，拒絶審決に対しては，**審決取消訴訟（特178条1項）** を提起することにより権利化を図ることができます[*48]．しかし，審決取消訴訟は，通常100万円以上の弁理士費用がかかるので，重要案件以外は提起されません．審決取消訴訟を提起するよりは，拒絶査定不服審判の請求の際に分割出願をしておくほうが安価で済むといえます．

[*47] 合議体が❶の拒絶査定の理由がないと判断した場合，さらに審査に付すべき旨の審決（差戻し審決：特160条）をする場合もある．これは，審査官にもう一度審理をし直すよう要求するもの．ただし，この差戻し審決が出されるケースは，あまりない．差戻し審決がなされ，審査官が，新たな拒絶理由を発見したときは，拒絶理由が通知される．これに対して，出願人は意見書を提出するとともに，補正書を提出できる．

[*48] 審決確定後であっても，再審事由がある場合は，不服申立てをして，権利化を図ることができる（特171条）．ただし，再審が請求されるケースは，ほとんどない．

2・9 ビジネスモデル特許

2・9・1 はじめに

1998年7月に米国連邦巡回控訴裁判所が，ハブ・アンド・スポークとよばれる投資信託の方法を実現するためのデータ処理システムについて，特許の対象となるとしました[49]．このステート・ストリート・バンク事件とよばれる事件を受けて，ビジネス方法が特許になるという噂が，米国だけでなく世界中に広まりました．そして，2000年ごろには，日本でもビジネスモデル特許がブームとなり，多数の本が出版されました．また，ビジネスモデル特許は，その言葉から，ビジネス方法が新規であれば特許されるといった誤った認識を生み，実際に多くのビジネス関連出願がなされました．

なお，"ビジネスモデル特許"というよび名は日本独特のもので，米国ではビジネス方法特許（business method patent）などとよばれています．

2・9・2 ビジネスモデル特許の出願・審査状況

特許法上，ビジネスモデル特許というカテゴリーはありません．ビジネス関連出願は，1999年に約4100件が出願され，2000年には約2万件が出願され，出願数のピークをむかえました．しかし，2001年以降，出願件数は減少，近年IoTブーム等の影響から，出願件数は微増しています．**ビジネス関連発明**の出願ブーム時には，新規ビジネスであれば特許されるといった誤った認識が蔓延していました．その結果，通常の出願であれば，およそ5割の確率で特許されているにもかかわらず，ビジネス関連出願が特許される割合は，およそ8％（2003年）ときわめて低確率でした．一方，近年は特許査定率が上昇し，2012年になされたビジネス関連発明の特許査定率は約69％でした．

2・9・3 特許にならないビジネス関連発明の事例集

通常の特許出願が特許されるためには，請求項に記載されたものが，発明でなくてはならず，新規性や進歩性などを満たさなければなりません．また，明細書の記載要件（特36条）を満たした出願をしなければなりません．一方，ビジネス関連

---

[49] *State Street Bank & Trust Co. v. Signature Financial Group Inc.*, 149 F.3d 1368 (Fed. Cir. 1998)

発明も通常の特許出願と同様に審査されます．しかし，2000年以降，多くのビジネス関連発明が出願されたこと，個人出願人が多いこと，ビジネス関連発明の出願内容の特殊性などを考慮して，ビジネス関連出願の取扱いを明確にするために，"特許にならないビジネス関連発明の事例集"[*50]が公表されました．たとえば，公知のビジネス方法を公知の手法でシステム化したものや，さらに公知の技術に基づいて設計変更を加えたものであって，新たな技術的意義をもたらすものでない場合は，進歩性がないとされます．

2・9・4 ビジネス関連発明とコンピュータ・ソフトウェア関連発明

ビジネス関連発明も通常の特許出願と同様に審査される以上，第一に，"発明"でなければ，特許されません．発明であるためには，自然法則を利用して，ある技術的効果をもたらすものでなければなりません（特2条1項）．したがって，ビジネスの内容がいかに経済的に優れていようとも，何らかの自然法則を利用したことにより技術的効果をもたらさなければ，単なる"人為的取決め"に過ぎないとされ，発明になりません．逆に，ビジネス関連発明であっても，自然法則を利用し，それによって技術的効果を発揮しうるものは，発明とされうるので，新規性などの要件を満たすことによって，特許される場合があるのです．

自然法則を利用したビジネス関連発明とはどのようなものでしょうか．ビジネス関連発明の多くは，コンピュータなどを利用して技術的効果をもたらしたことにより，自然法則を利用したものという要件をクリアします．よって，多くのビジネス関連発明が，特許庁において審査される段階で，参考となる基準が，コンピュータ・ソフトウェア関連発明の審査基準（CS基準）などの審査基準です．審査基準は，特許出願を審査する審査官や審判官へ与える影響が大きいものですから，どのようなものが特許されるのかといったことや，明細書をどのように書けば記載要件を満たすのかなどといったことについての参考となります．

コンピュータ・ソフトウェア関連発明が発明とされるためには，ソフトウェアによる情報処理がハードウェア資源を用いて具体的に実現される必要があります．つまり，ある情報処理を行うために，ハードウェア資源とソフトウェアとが協働した具体的な手段によって，その処理にふさわしいシステムや動作方法が構築されるこ

[*50] 特許庁特許審査第四部，"特許にならないビジネス関連発明の事例集"（2001年4月）特許庁ホームページ．

とにより，情報処理が行われる場合には，発明とされる場合があります．

コンピュータ・ソフトウェア関連発明では，ハードウェア資源とソフトウェアとが協働して情報処理が行われることにより，自然法則を利用したという要件を満たします．そこで，情報処理を人が行う場合は，自然法則を利用したものとされません．したがって，ビジネス方法がコンピュータ上でどのように実現されるのかが不明確であり，人が処理を行ったとも解釈される場合には，発明でないとされます．

たとえば，ウェブサイトなどのコンピュータ・システムを用いたビジネスでは，ウェブサイトにのせる内容（コンテンツ）が重要です．しかし，コンテンツそのものは，いかに貴重なものであっても，具体的な処理をもたらすものではありません．したがって，コンテンツそのものは，"単なる情報の提示"とされ，発明とされません．また，ビジネス関連発明の多くは，従来のウェブサイトなどとコンテンツが違っていても，ハードウェア資源とソフトウェアとが協働した具体的な処理が従来のものと変わらなければ，新規性または進歩性がないと判断されます．

2・9・5 ビジネスモデル特許の実例

いわゆるビジネスモデル特許も特許権が与えられれば，通常の特許権と同様の効力をもちます．すなわち，その特許発明を独占的に実施でき，特許権を侵害する者に対しては，差止請求や損害賠償請求などをすることができます．また，特許権を譲渡して収益をあげることや，他社に特許発明を実施させて，ライセンス料を得ることもできます．ビジネスモデル特許のいくつかは，特許権者にそれなりの利益をもたらしたものもあるようです．表2・3に，代表的なものを紹介します．

表2・3　代表的なビジネスモデル特許

特許権者	特許番号	通　称
森　亮一	1971816 など	超流通システム
シティバンク	2141163	電子マネー特許
トヨタ自動車	2956085	カンバン方式
凸版印刷	2756483	マピオン特許
住友銀行	3029421	パーフェクト特許

いわゆる"マピオン特許"の発明の名称は，"広告情報の供給方法およびその登録方法"です．この技術は，インターネットを用いた地図上における広告サイト"マピオン"に取入れられています（http://mapion.co.jp/）．この広告サイトは，特

許権に基づいて行っているので、他者がその特許発明を利用したサイトを運営できず、独占状態を守ることができます。この特許発明は、「コンピューターシステムにより広告情報の供給を行う広告情報の供給方法において」とされ、コンピュータを利用したシステムであることがわかります。具体的には、広告依頼者が、ウェブサイトにおける地図において自分の店舗の位置をクリックし、広告情報を入力すると、その広告情報がシステムに入力されて、その広告情報が地図上の位置と関連して登録されます。一方、このウェブサイトにアクセスしたユーザーは、地図上に表示された店舗などのアイコンをクリックすると、先に登録した広告情報が表示されます。

「コンピューターシステムにより広告情報の供給を行う広告情報の供給方法」というだけでは、ハードウェア資源とソフトウェアとが協働した情報処理が不明です。しかし、この特許発明では、サーバなどのコンピュータシステムに広告情報を地図情報と関連づけて記憶させ、地図情報と関連した広告情報を読み出して表示するという具体的な処理が実現できています。よって、マピオン特許の内容は、発明に該当するとされたのです。

2・10 医薬用途発明

たとえば、ある胃薬の治療薬の有効成分がAという物質だったとします。そして、Aが風邪の治療に有効であることがわかったとします。この場合、Aを有効成分として含む風邪薬は、特許されるでしょうか。よく考えてみると、その風邪薬も、胃腸薬も物としてはまったく同じものなのです。こういったことは、薬の世界ではよくあります。ですが、我が国の特許法では、Aを有効成分として含む風邪薬は、Aを有効成分として含む胃腸薬とは別の発明と考えられています。つまり、風邪の治療用という用途も、新規性や進歩性を検討する上で考慮されます。このような発明を、**医薬用途発明**（第二医薬用途発明）とよびます。なお、Aという物質自体が新しい化合物である場合は、化合物Aそのものについて、特許を取得すればあらゆる用途に権利範囲が及びます。その場合、化合物Aという**物質特許**を取得することとなります。Aという物質がすでに知られた物質であったり、他の医薬用途などに用いられていても、物質Aの新たな作用機序を見いだした場合は、医薬用途発明として保護されうるのです。医薬は、開発に多額の費用がかかるため、医薬用途

発明について特許により一定期間独占させ，投下資本を回収する機会を与えようとしているのです．医薬（および農薬）については，5年を限度として，**特許権の存続期間の延長**が認められています（特67条2項）．一方，医薬に関する特許が満了した後は，いわゆる**ジェネリック医薬品**（**後発医薬品**）が発売され，医薬を独占できなくなることが一般的です．後発医薬によって先発医薬の売り上げが一挙に落ち込む場合があり，その現象は「**パテント・クリフ**」（**特許の崖**）とよばれます．医薬用途発明は，有効成分のみならず，有効成分の投与量や，製剤化に関する記載のほか，薬理データおよびその薬理データから得られた知見を明細書に記載します．

2・11　食品の用途発明

近年，特定保健用食品（トクホ），栄養機能食品，および機能性表示食品など，さまざまな機能や効能をうたった食品が，高付加価値食品として販売されています．これらの高付加価値食品は，食品に含まれるある成分の特定の機能や作用を見いだしたことに基づくものです．これらの高付加価値食品についても，特許による保護を与えて欲しいという産業界からの要望がありました．この要望を受け，審査基準が改訂され，食品の用途発明に関する審査ハンドブックが公表されるに至りました．

そのハンドブックに記載されている例を紹介します．

たとえば，グレープフルーツに成分A（公知の物質）が含まれていたとします．そして，成分Aに歯周病予防の効果があることが見いだされたとします．

この場合，「成分Aを有効成分とする歯周病予防用食品」を請求項に記載した場合，グレープフルーツ（食品）そのものと区別ができないので，新規性がないと判断されます．一方，「成分Aを有効成分とする歯周病予防用グレープフルーツジュース」は，グレープフルーツそのものを含まないので，新規性があると判断されます．もっとも，グレープフルーツジュースそのものはすでに世の中にありますので，違和感を感じられる方もいらっしゃるかもしれません．また，「成分Aを有効成分とする歯周病予防用食品組成物」も，グレープフルーツそのものを含まないので，新規性があるとされています．「組成物」と記載した場合，2種類以上の成分が含まれている必要があると判断されることもあるので，「組成物」に関する請求項を設ける場合は，成分Aと他の成分との量比や成分Aとの相乗効果といった点も記載しておきます．

このように特定の分野の出願については，実施例が同じであっても，書き方を誤ると特許を取得できなくなることが多々あります．食品の用途発明についても，適切に出願するためには，熟練を要します．

2・12　プロダクト・バイ・プロセス・クレーム

　平成27年にプロダクト・バイ・プロセス・クレームに関する最高裁判例が出され（最高裁平成27年6月5日判決（事件番号平成24年（受）1204号，同2658号），プロダクト・バイ・プロセス・クレームに関する考え方が示されました．

　その概要は，以下のとおりです．プロダクト・バイ・プロセス・クレーム（製造方法により特定した物の発明の関する請求項）は，「物をその構造又は特性により特定することが不可能であるか，又はおよそ実際的でないという事情が存在するとくに限り」認められ，そうでない場合は，発明が明確でない（特36条6項2号違反）として，拒絶等されます．一方，プロダクト・バイ・プロセス・クレームの権利範囲は，特定された製造方法に限定されず，請求項において特定された製造方法により製造された物と構造や物性などが同一の物まで及ぶこととなります．この最高裁判例を踏まえ，審査基準が改訂されました．

　この最高裁判例に従うと，過去の多数の特許が無効理由を有することとなります．このため，プロダクト・バイ・プロセス・クレームについては，特別な訂正を行うことで，無効理由を解消できることとなりました．

2・13　特許異議申立制度

2・13・1　復活した特許異議申立制度

　平成27年4月1日から**特許異議申立制度**（特113条）が復活しました．特許異議申立制度（特許異議の申立制度）は，特許公報が発行されてから半年以内に，その特許を取消すことを求めることができる制度です．特許異議申立制度は，平成6年1月に導入され，平成15年12月に廃止された経緯があります．以前の特許異議申立制度のもとでは，年間2000件もの特許が取消されるかまたは訂正された上で維持されていたように，特許異議申立制度は大変利用されていました．ですから，

特許異議申立制度は，企業の特許戦略上大変重要な制度といえます．

特許を失効させる制度としては，他に無効審判制度があります．特許異議申立ては，無効審判制度に比べ，比較的簡単かつ安価に，実名を出さずに，比較的短期間で他社の特許を取消すことができるというメリットがあります．以下，特許異議申立制度を紹介します（図2・11）．

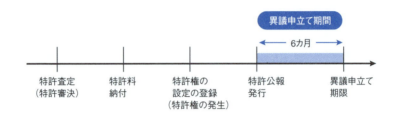

図2・11　特許異議申立制度

2・13・2　特許異議申立人

特許異議申立ては，誰でもできます（特113条柱書）．つまり，異議申立人には，利害関係が必要とされません．ですから，異議申立てをする際に，第三者に特許異議申立てを依頼するケースが大変多いです．特許事務所は，通常，異議申立て用の協力者や，協力企業を有しています．ですから，弁理士名すら出さずに，第三者名で特許異議申立てを行うケースが多いのです．一方，特許無効審判は，利害関係人でなければ請求できません．ですから，匿名で特許無効審判を請求することが難しく，通常，競業他社に対して実名で無効審判を請求します．相手の特許を失効させるために審判を請求すれば，要らぬ火種をまくことになる可能性があります．特許異議申立ては，そのような紛争を招くおそれが小さい点こともメリットの一つといえます．

2・13・3　特許異議申立ての審理

特許異議申立ての審理は，原則として，書面のみで行われます．一方，特許無効審判は，通常口頭審理が開かれます．口頭審理では，特許異議申立人と特許権者が審判廷に出頭し，さまざまな主張を行います．ですが，特許異議申立てでは，口頭審理は行われません．このため，第三者に特許異議申立てを依頼しても，特許庁からの書類を迅速に転送してくれる方に依頼したのであれば，それほど困ることはな

いのです（もっとも，例外的ではありますが，特許庁からの問合わせがあった場合や，面接の要求があった場合には，それなりに対処が必要になります）．特許庁が，特許異議申立人の主張を採用した場合，取消し理由が通知されます（特120の5第1項）．これに対して，特許権者は，意見書を提出して反論することや（特120条の5第1項），訂正請求を行うことができます（特120条の5第2項）．

2・13・4 訂正請求

　特許権者が訂正請求をした場合，訂正請求により特許請求の範囲を修正したので，特許異議申立て理由がなくなったことを主張します．訂正請求がなされた場合，特許異議申立人は，原則として，意見書を提出する機会を与えられます．

2・13・5 不服申立て

　特許を維持するという決定（**維持決定**）に対して，特許異議申立人は不服を申立てることができません．一方，特許を取消すという決定（**取消決定**）に対して，特許権者は，知的財産高等裁判所に審決等取消訴訟を提起できます（特178条）．この場合の相手方（被告）は，特許庁長官となります（特179条1項）．

2・13・6 特許異議申立制度を踏まえた特許戦略について

　通常の企業は，定期的に他社特許を調査しています．この調査は，一度検索式を決めてしまえば，それほど大変ではありません．特許公報が発行されてから半年以内であれば，自社の名前を出さずに他社の特許を失効させることができる可能性がありますので，他社特許をチェックし，失効させたい特許が成立した場合は，特許異議申立てを検討するのも有効といえます．

特許公報の読み方，出願書類の書き方

3・1 特許公報の種類と読み方

3・1・1 はじめに

　国内の特許公報にはさまざまな種類のものがあります．よく見かけるものとして，特許掲載公報（いわゆる"特許公報"），特許公開公報（いわゆる"公開公報"）があります．また，米国の特許公報や国際出願の国際公開公報なども見かけます．本節では，特許公報の種類などを説明します．

3・1・2 国内の特許公報

■ **特許された後の特許公報** ■

　特許された後の特許公報には，特許掲載公報と公告特許公報がありますが，公告特許公報は，現在では発行されていません．

　a．特許掲載公報　　通常"特許公報"といえば，特許掲載公報を意味します．特許掲載公報は，特許になったものを掲載する公報です．その公報の1ページ目（公報の1ページ目を"フロントページ"とよぶ）の右上には"特許第○○号"という表示（特許番号）があり，中央には"特許公報（B）"と表示されています．この"B"という表示があれば，基本的には特許になっている公報です．

> **メモ** 特許番号は，平成8年5月29日に2,500,001番から始まった．現在では，600万番を超える番号が振られている．

　一般的には，**特許掲載公報**は，特許権の設定の登録がされてから1ヵ月くらいで発行されます．なお，特許掲載公報が発行されていても，たとえば**特許無効審判**に

より特許が無効にされた場合や，維持年金（特許料）を納めずに特許権が消滅している場合もあります．また，特許権の存続期間は，原則として出願から20年なので（特67条1項），出願から20年を経過すれば，その特許権は消滅します[*1]．

> **メモ** 特許権が有効に存続しているかどうかは，たとえば特許庁から原簿を取り寄せることによって確認できる．また，特許庁のJ-PlatPatなどのウェブサイトを用いると，特許の状況を容易に確認できる（§3・2・2）．

b．公告特許公報 公告特許公報は，従来の**出願公告制度**に基づく特許公報であり，平成8年3月29日をもって発行が終了したものです．なお，平成5年までの紙公報では，"特許出願公告昭XX-1234"のように表示されています．一方，平成6年以降の電子公報には，特許出願公告番号として"特公平Y-1234"のように表示されています．

■ **特許される前の特許公報** ■

特許される前の特許公報には，公開特許公報，公表特許公報などがあります．

a．公開特許公報 "公開特許公報"は，原則として優先日[*2]から，1年6カ月経過後に公開されるもので（特64条）[*3]，通常**公開公報**とよばれます．公開の準備が整う前に特許された場合は，公開公報は発行されません．公開公報の1ページ目の右上には"**特開20XX-○○○**"という表示があり，中央には"**公開特許公報（A1）**"などと表示されています．この"**A**"という表示があれば，基本的には特許になっていない公報です．

> **メモ** ただし，従来の米国など公開制度を採用していない国では，最初の公報が特許された公報なので，その場合は特許された公報に"A"という表示がなされていた．なお，現在の米国は出願公開制度を導入しているので，特許された公報には"B"の表示がなされている．

[*1] 国内優先権主張出願の場合は，優先権の主張を伴う出願の日から20年が特許権の存続期間の満了の日である．また，医薬や農薬に関する発明については，最大で5年間存続期間が延長される場合がある（特67条2項）．

[*2] 特許出願が優先権の主張を伴う場合は，最も早い出願の出願日を優先日とする（特36条の2第2項）．

[*3] 特許公開公報は，実際には，優先日から1年6カ月より遅れて発行される．また，出願公開の請求をすることにより（特64条の2），この公開時期を早めることもできる．

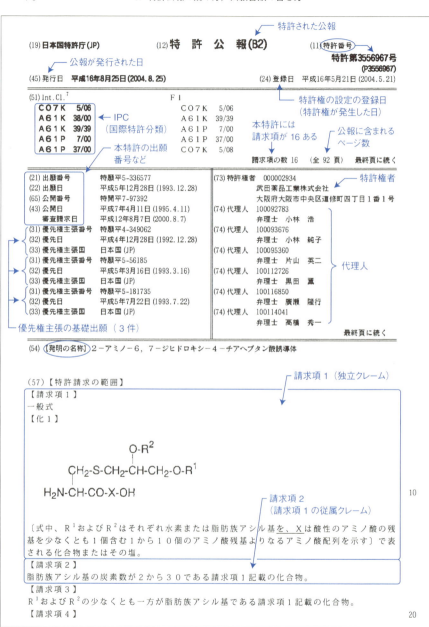

特許公報の例

3・1 特許公報の種類と読み方　　　　　　　　77

なお，従来は"特許出願公開　平○-○○"や，"特許出願公開番号　特開平○-XX"のように表示されていましたが，2000年以降は"特開20XX-○○○"のように西暦で表示されるようになりました．

> **メモ** "特許出願公開　平○-○○"は，平成4年までの紙公報での表示形式．"特開平○-XX"は，西暦1999年までの電子公報での表示形式．

b．公表特許公報　　公表特許公報は，日本語以外の国際出願が世界知的所有権機構（WIPO）によって国際公開された後，日本に移行した後に，その日本語による翻訳文が日本の特許庁から発行されたものです．たとえば，**特表2001-512345**のように，公表番号には50万番以上の番号が振られています．

c．再公表（公報）　　"再公表公報"[*4]は，フロントページの中央に**再公表（T）**などと表示されています．再公表（公報）は，国際特許出願を改めて国内で公表するためのものです．すなわち，特許協力条約（PCT，§6・2）に基づいて日本語で国際出願されたものは，日本語で国際公開されます．しかし，国際公開される場所は，スイスのジュネーブなので，日本人に利用しやすいとはいえません．そこで，日本語で国際公開された内容を，改めて日本で公開するのが，再公表です．これは，あくまで行政サービスに基づくものなので，特許法には規定されていません．また，公報として扱われていません．

3・1・3　国際公開公報

a．国際公開公報とは　　国際公開公報は，特許協力条約（PCT）に基づく国際出願が優先日から1年6カ月後にスイスのジュネーブにおいて公開されるものです．国際公開公報のフロントページの右上にはバーコードとともに**WO XX/YYYYY A1**などという表示があり，中央には**WIPO（OMPI）**のマークが表示されています（次ページ参照）．

　国際公開公報には，**国際調査報告（サーチレポート）**や国際調査機関の見解書が付されている場合があります．サーチレポートには，管轄国際調査機関が調査した先行文献のリストが掲載されています．

[*4] 正式には，"特許協力条約に基づいて国際公開された日本語特許出願"とよぶ．

3. 特許公報の読み方，出願書類の書き方

(12)特許協力条約に基づいて公開された国際出願

(19) 世界知的所有権機関
国際事務局

サーチレポート付きの公開

(43) 国際公開日
2004年9月16日 (16.09.2004)

PCT

2004年に公開された

(10) 国際公開番号
WO 2004/079663 A1

(51) 国際特許分類⁷: G06T 15/50

(21) 国際出願番号: PCT/JP2004/002792

(22) 国際出願日: 2004年3月5日 (05.03.2004)

(25) 国際出願の言語: 日本語　　受理庁が JP（日本国特許庁）で

(26) 国際公開の言語: 日本語　　2004年の出願

(30) 優先権データ：
特願2003-107095　2003年3月6日 (06.03.2003)　JP
特願2003-200783　2003年6月18日 (18.06.2003)　JP

(71) 出願人 (米国を除く全ての指定国について)：株式会社ディジタルメディアプロフェッショナル (DIGITAL MEDIA PROFESSIONALS INC.) [JP/JP]; 〒1800006 東京都武蔵野市中町1丁目6番5号 Tokyo (JP).

(72) 発明者；および
(75) 発明者/出願人 (米国についてのみ)：坪井 映樹 (TSUBOI, Eiju) [JP/JP]; 〒1870004 東京都小平市天神町1-392-1 ウインズA103 Tokyo (JP). 池戸 恒雄 (IKEDO, Tsuneo) [JP/JP]; 〒1800023 東京都武蔵野市境南町2-6-19-1001 Tokyo (JP).

(74) 代理人：小林 浩，外 (KOBAYASHI, Hiroshi et al.); 〒1040028 東京都中央区八重洲二丁目8番7号 福岡ビル9階 阿部・井窪・片山法律事務所 Tokyo (JP).

米国については発明者のみが出願人になれる　　　［続葉有］

(54) Title: LIGHT REFLECTION INTENSITY CALCULATION CIRCUIT

(54) 発明の名称：光反射強度計算回路　　発明の名称の英文

代表図面

要約の英文

図面の翻訳

2...REFLECTANCE STORAGE
4...REFLECTANCE TERM ACQUIRING MEANS
3...LUMINANCE DISTRIBUTION STORAGE
5...LUMINANCE DISTRIBUTION TERM ACQUIRING MEANS
7...MIRROR REFLECTED COMPONENT INFORMATION ACQUIRING MEANS
6...GEOMETRICAL ATTENUATION FACTOR TERM ACQUIRING MEANS

(57) Abstract: A circuit for calculating a light reflected component with high accuracy. The circuit for calculating a reflected component of light reflected from an object having a rough surface comprises means for storing the reflectance of an object in relation to the value ϕ or the value of cos ϕ, letting a surface normal vector be denoted by a vector N, a light source incidence unit vector be denoted by a vector L, a line-of-sight unit vector be denoted by V, a half vector of the light source incidence vector L and the line-of-sight vector V be denoted by H and defining the inner products as N·L=cos θ, N·V=cos γ, V·H=cos ϕ, N·H=cos β; means for storing a luminance distribution in relation to the value of β or the value of cos β; means for acquiring information on the reflectance term ($F_\lambda(\phi)$) of the reflected component according to the value of ϕ or the value of cos ϕ from the reflectance storing means; means for acquiring information on the luminance distribution term (D'(β)) of the reflected component according to the value of β or the value of cos β from the luminance distribution storing means; means for acquiring information on max[0.5cos θ cos ϕ, 0.5cos ϕ cos γ, cos θ cos β cos γ] which is the maximum value out of 0.5cos θ cos ϕ, 0.5cos ϕ cos γ, and cos θ cos β cos γ; means for determining the reciprocal of the max[0.5cos θ cos ϕ, 0.5cos ϕ cos γ, cos θ cos β cos γ] and acquiring information on the geometrical attenuation factor term (G'(β, θ, γ, ϕ)) of the reflected component; and means for acquiring information on the reflected component from the information on the luminance distribution term (D'(β)) and information on the geometrical

［続葉有］

国際公開公報の例

3・1 特許公報の種類と読み方　　　　　　　　79

WO 2004/079663 A1

(81) 指定国 (表示のない限り、全ての種類の国内保護が可能): AE, AG, AL, AM, AT, AU, AZ, BA, BB, BG, BR, BW, BY, BZ, CA, CH, CN, CO, CR, CU, CZ, DE, DK, DM, DZ, EC, EE, EG, ES, FI, GB, GD, GE, GH, GM, HR, HU, ID, IL, IN, IS, JP, KE, KG, KP, KR, KZ, LC, LK, LR, LS, LT, LU, LV, MA, MD, MG, MK, MN, MW, MX, MZ, NA, NI, NO, NZ, OM, PG, PH, PL, PT, RO, RU, SC, SD, SE, SG, SK, SL, SY, TJ, TM, TN, TR, TT, TZ, UA, UG, US, UZ, VC, VN, YU, ZA, ZM, ZW.

SZ, TZ, UG, ZM, ZW), ユーラシア (AM, AZ, BY, KG, KZ, MD, RU, TJ, TM), ヨーロッパ (AT, BE, BG, CH, CY, CZ, DE, DK, EE, ES, FI, FR, GB, GR, HU, IE, IT, LU, MC, NL, PL, PT, RO, SE, SI, SK, TR), OAPI (BF, BJ, CF, CG, CI, CM, GA, GN, GQ, GW, ML, MR, NE, SN, TD, TG).

添付公開書類： ← サーチレポートが
　国際調査報告書　　添付されている

2文字コード及び他の略語については、定期発行される各PCTガゼットの巻頭に掲載されている「コードと略語のガイダンスノート」を参照。

(84) 指定国 (表示のない限り、全ての種類の広域保護が可能): ARIPO (BW, GH, GM, KE, LS, MW, MZ, SD, SL,

すべての締約国が指定される

和文による要約
(日本語で国際出願をした場合)

attenuation factor term (G'（β, θ, γ, φ）).

(57) 要約: 本発明は、光反射成分を精度よく計算できる回路などを提供することを目的とする。　表面粗さをもつ物体の反射成分を求めるための回路であって、ベクトルNを面法線ベクトルとし、ベクトルLを光源入射単位ベクトルとし、Vを視線単位ベクトルとし、Hを光源入射ベクトルLと視線ベクトルVとのハーフベクトルとし、N・L＝cosθ、N・V＝cosγ、V・H＝cosφ、N・H＝cosβとして、φ、又はcosφの値と関連して、物体の反射率を記憶する手段と、β、又はcosβの値と関連して、輝度分布を記憶する手段と、φ、又はcosφの値により前記の反射率を記憶する手段から、反射成分のうち反射率項（F_λ(φ)）に関する情報を得る手段と、β、又はcosβの値により前記輝度分布を記憶する手段から、反射成分のうち輝度分布項（D'(β)）に関する情報を得る手段と、0.5cosθcosφ、0.5cosφcosγ、cosθcosβcosγの値うち最大のものの値であるmax [0.5cosθcosφ、0.5cosφcosγ、cosθcosβcosγ] に関する情報を得る手段と、前記max [0.5cosθcosφ、0.5cosφcosγ、cosθcosβcosγ] の値の逆数を求め、反射成分のうち幾何減衰率係数項（G'（β, θ, γ, φ））に関する情報を得る手段と、前記反射率項（F_λ(φ)）、前記輝度分布項（D'(β)）、及び前記幾何減衰率係数項（G'（β, θ, γ, φ））に関する情報から、反射成分に関する情報を得る手段とを具備する回路などを提供する。

国際公開公報の例 (つづき)

3・1・4 書誌的事項の識別コード

外国特許文献などを読むときに便利なように，特許関連の資料（公報を含む）には，書誌的事項の識別コード（**INID コード**：code of internationally agreed numbers for the identification of data）が付されています．たとえば，公報に（11）などの番号の後に，特許○○号のような記載があります．この（11）は，文献番号を示す INID コードです．以下，INID コードのおもなものを記載します．

> （10）文献の識別，（11）文献の番号，（12）文献の種類の簡潔な言語表示，（20）国内出願のデータ，（21）出願番号，（22）出願日，（24）特許権などの効力発生日（登録日），（25）公表された出願が最初に提出されたときの言語，（26）出願が公表されたときの言語，（30）優先権データ，（31）優先権のもととなった出願の番号，（32）優先権のもととなった出願の日，（33）優先権のもととなった出願がなされた国，（51）国際特許分類，（54）発明の名称，（57）要約又は請求の範囲，（71）出願人，（72）創作者（発明者），（73）権利者（特許権者），（74）代理人名，（75）出願人でもある発明者名，（76）出願人及び権利者でもある発明者名

3・1・5 公報の読み方

a．特許権の効力範囲 特許権の効力範囲は，"特許請求の範囲"に記載されます．特許請求の範囲には，通常複数の**請求項**が記載されています．この複数の請求項のそれぞれの範囲が，特許権の効力範囲です．

請求項には，**独立項**と**従属項**とがあります．独立項は，ほかの請求項を準用しない請求項であり，**独立クレーム**ともよばれます．従属項は，"請求項○に記載の××"のように先に出た請求項を準用する請求項であり，**従属クレーム**ともよばれます．従属項は，一般的に独立項よりもその範囲が狭いので，特許公報を読む際には，まず独立項がどのようなものかをチェックします．すなわち，独立項を構成要件に分け，それぞれの構成要件の範囲を把握します．

研究者は，実施例をみて権利範囲を考える傾向があります．すなわち，"自分たちの製品と実施例が違うから，自分たちの製品とその特許権とは関係がない"と考えやすいのです．しかし，特許権の効力範囲は，原則として特許請求の範囲に記載されたものです．したがって，特許請求の範囲に記載された発明と自分たちの製品や自分たちが採用する方法の関係を判断する必要があります．

b．実 施 例 化学分野の出願では，通常多くの**実施例**と**比較例**とが記載されています．化学分野では，特許を受けるために，通常，実際に化学物質を製造した

実施例が必要だからです．実施例をもとに当業者が製造でき，所定の効果を発揮できる範囲のみが発明となります．したがって，公開公報を読んで，効力範囲の広い請求項が記載されていても，実施例が伴っていなければ，成立する特許は狭くなります．また，実施例と比較例とを比較すれば，発明の特徴点を把握できます．通常比較例は，従来技術を追試したものであり，"○○を加えなかったこと以外は実施例1と同様にして××を製造した."のように書かれており，この"○○"が発明の特徴であることが多いのです．

c．発明の名称 ある特許と自分たちの製品との関係を，"発明の名称"だけで判断する人がいます．しかし，この判断方法は妥当ではありません．なぜなら，発明の内容と関係の薄い"発明の名称"を付して出願しても，そのまま特許されることがあるからです．また，自分の発明に名称をつける際には，特許が業績になることを考慮し，業績リストに載せるためにふさわしい名称を付するのが適当といえます．

3・1・6 サーチレポートの読み方

サーチレポートには，発明の先行文献に関する情報のほか，それら先行文献からの特許性に関する見解が記載されています．

サーチレポートに，文献とともに"X"という記号が書かれていれば，該当する請求項は，その文献により新規性または進歩性がないという見解が出されています．一方，文献とともに，"Y"という記号が書かれていれば，その文献は，他の文献と組合わせて，該当する請求項の進歩性を否定する文献であるという見解です．また，文献とともに"A"という記号が書かれていれば，その文献は，発明に関する一般的な背景技術を示す文献という意味です．

3・2 特許調査

3・2・1 はじめに

せっかく特許出願をしても，出願をした発明が公知の発明である場合，その出願は拒絶されてしまいます（特49条2号）．また，先行技術がわからなければ，その発明の技術的な意義，すなわち従来の技術に対してどのような貢献をもたらすものかということが明らかにならないので，どこまで権利を取得できるのか見通しが立たなくなります．そこで，新規性のない発明を出願して無駄な費用をかけないため，

また適切な権利範囲を把握するためにも，出願をする前に先行文献を調査することが望ましいといえます．

発明者によっては，ある発明に関連する技術文献（発明者自らが著者の文献も含む）を知っていても，明細書を書く担当者に知らせない場合があります．このように，発明に関連する技術を隠すと，適切な明細書を書くことができません．また，そのような出願に基づいて米国出願をし，米国で特許されても権利を行使できない場合も出てきます．ですから発明者は，出願する発明に関連すると考えられる技術文献を，明細書を書く担当者に必ず知らせることが望ましいといえます．

なお，企業では，何らかの事業を行う場合，必ずその事業に関連する先行特許を調査し，事業と関連する他人の特許権の状況を把握するようにしています．

3・2・2　先行特許文献調査

先行文献は，無数にあります．それゆえ，先行文献を完全に調査することは，現実には不可能です．そこで，どの程度の労力を割くかは，先行文献調査の目的によって異なります．

a．特許庁の特許情報プラットホーム（J-PlatPat）を用いた簡易検索　　特許文献を簡易に調査する方法として，特許庁の**特許情報プラットホーム（J-PlatPat）**を用いる方法があげられます．J-PlatPatを用いれば，初めての者でも，無料で簡単に先行特許文献を調査できます．個人で特許出願をする場合に，簡単に先行特許文献を調べておくといった用途であれば，J-PlatPatの"初心者向け検索"または"公報テキスト検索"を利用した**キーワード検索**で十分といえるでしょう．

"キーワード検索"とは，要約書など指定した書類にキーワードが含まれているものを調査する検索方式です．"公報テキスト検索"を利用して先行文献を調査する場合，公報の種類を選択する必要があります．まずは，公開公報を選択して，最新の技術を把握することが望ましいといえます．キーワード検索では，"置き換え可能な言葉"を漏れなく準備することが大切です．たとえば，表面に設けられた多数の"突起"に特徴がある発明の先行文献を検索する場合は，突起，凸（凹凸・凸部などの共通語），錐（三角錐・円錐などの共通語），柱（円柱・四角柱などの共通語），起伏，突出，針，くし，串，櫛（くし）などの言葉を用いて検索します．これは，先行特許文献に突起に相当する概念が開示されていても，必ずしも"突起"と記載されているとは限らないからです．このように複数の言葉を用意して検索することで，調査漏れを少なくできます．

キーワード検索よりも効率よく先行文献を絞り込むために，**FI**または**Fターム**（file forming term）や国際特許分類（**IPC**）とキーワードを組合わせた"公報テキスト検索"や"公開特許公報フロントページ検索"が有効です．Fタームは，ある技術分野のある範囲ごとに分類されており，特許庁の審査官も利用しています．IPCは，発明に関する技術分野を八つのセクションに分け，それぞれのセクションごとに細分化した世界共通の分類です．特許出願の際にも，願書にIPCを付することが薦められています．なお，特許庁のホームページに「特許検索ガイドブック」が公開されているので，特許検索の詳細は，そちらを参照して下さい．

> **メモ** 特許公報には，世界共通の分類に加え，さらに細分化した分類記号が付される場合がある．IPCを検索するためには，「国際特許分類表」（発明協会発行），「技術用語による特許分類検索」（日本特許情報機構発行），J-PlatPatの「パテントマップガイダンス」などを参照するとよい．

b．有料データベースを用いた特許調査 通常企業は，ある事業を始める際に，他人の特許権の状況を把握するために**先行特許調査**を行います．このような場合や，本格的な特許調査をする場合は，有料データベースを利用します．検索の方法は，基本的にはJ-PlatPatと同様です．たとえば，関連すると思われる特許公報を1000件程度に絞り，要約などをチェックすることで100件〜300件程度に絞り，それらを印刷して読み込み，事業と関連のある特許公報を抽出します．その後，関連のある特許公報を出願日，技術内容，特許権者によりソートできるように整理し，コメントを付しておきます．

c．海外での特許調査 米国特許は，米国特許商標庁のホームページを用いると無料で検索できます．ホームページの"Patents"から"Search for patents"に進むと，登録特許明細書または公開公報を検索できます．また，米国特許商標庁のPublic PAIRを用いれば，出願経過書類も無料で入手できます．

ある特許出願に基づいて分割出願などをした場合や，ある特許出願に基づく優先権を主張して海外に特許出願をした場合，一つの特許出願に関連した特許出願が多数発生します．これらの特許出願をまとめて，**パテントファミリー**とよび，それぞれの特許出願を"対応○国出願"などとよびます．INPADOCなどの有料サイトを用いればパテントファミリーを調査できます．なお，ヨーロッパ特許庁のEspacenetを用いると，無料でパテントファミリーを調査できます．

d．先行技術文献調査　特許文献以外の文献を調査する場合，その技術分野や目的に応じて調査方法が大きく異なります．たとえば，化学系の文献調査であれば，STN のデータベースは化学物質の構造式を用いて検索できるので便利です．また，日本語による科学文献調査であれば，科学技術振興機構（JST）の JDream Ⅲ などが便利です．

特許調査に使われるおもなサイト
- J-PlatPat（特許庁）　https://www.j-platpat.inpit.go.jp/
- 米国特許商標庁　https://www.uspto.gov/
- ヨーロッパ特許庁　http://www.epo.org/
- STN（社団法人化学情報協会）　https://www.jaici.or.jp/（有料）
- JDreamⅢ（科学技術振興機構）　http://jdream3.com/（有料）

3・3　特許請求の範囲の書き方

3・3・1　はじめに

　特許出願をする際に，願書に特許請求の範囲を添付します．特許請求の範囲は，審査段階や特許後にどのような役割を果たすのでしょうか．また，願書には明細書や図面も添付します．特許請求の範囲の記載と明細書などの記載との関係はどのようなものなのでしょうか．本節では，特許請求の範囲の役割を説明した上で，特許請求の範囲の基本的な書き方について説明します．

3・3・2　特許権の効力範囲

　特許請求の範囲について，特許法には，以下の規定があります．

　【特許法第 70 条】　特許発明の技術的範囲は，願書に添付した特許請求の範囲の記載に基づいて定めなければならない．

　すなわち，"特許請求の範囲"に記載した発明が特許権の効力範囲となります．したがって，どんなに偉大な発明をしても，特許請求の範囲の書き方を誤れば，特許権の効力はほとんどない場合もあります．すなわち，特許請求の範囲は，権利書

のような役割を果たします．そこで，特許請求の範囲には，特許権を取得したいと考える発明を記載します．

3・3・3　新規性・進歩性などの審査対象

　特許を受けるためには発明の新規性や進歩性などが審査されます．この**審査対象**となるのが，特許請求の範囲に記載された発明です．したがって，先行文献に開示された発明（引用発明）と実施例レベルで異なっていても，特許請求の範囲に引用発明が含まれる場合は，新規性がないとされます[*5]．よって，新規性がないといった拒絶理由に対しては，引用発明が特許請求の範囲に含まれないということを説明しなければなりません．

3・3・4　特許請求の範囲の記載について

　特許請求の範囲はどのように記載すればよいのでしょうか．基本的には，公知技術を含まないように，また特許請求の範囲に含まれる発明の範囲が明確になるように記載します．発明として機能するために必要な構成をすべてあげます．またそれぞれの構成の関連が明らかになるように記載します．特許権になった場合の権利行使先などを考えて，できるだけ付加価値が高く，広い範囲をカバーするよう記載します．一方，特許請求の範囲全体の発明について，当業者が実施できなければなりません．こういったことを考慮しながら，複数の請求項を作ります．特許請求の範囲について，特許法では以下のように規定されています．

> 【特許法36条5項】　特許請求の範囲には，請求項に区分して，各請求項ごとに特許出願人が特許を受けようとする発明を特定するために必要と認める事項のすべてを記載しなければならない．

[*5]　最高裁平成3年3月8日判決（事件番号：同昭和62年（行ツ）第3号）民集45巻3号123頁――リパーゼ事件は，特許庁における新規性などの審理は，願書に添付した明細書の特許請求の範囲の記載に基づいてされるべきであり，"特許請求の範囲の技術的意義が一義的に明確に理解することができない……などの特段の事情がある場合に限って，明細書の発明の詳細な説明の記載を参酌することが許される"とする．なお，明細書の記載により，特許請求の範囲に記載された発明が変化したと判断した判例に最高裁平成3年3月19日判決（事件番号：同昭和62年（行ツ）第109号）民集45巻3号209頁――クリップ事件がある．この判例では，明細書の記載を削除することにより，特許請求の範囲に含まれる発明が除かれたと判断された．

すなわち，特許請求の範囲には，通常複数の**請求項**を設けます．請求項は，請求項1，請求項2，請求項3のように連続した番号で表します．さらに，特許法では，特許請求の範囲について以下のような要求をしています．

【**特許法36条6項**】 特許請求の範囲の記載は，次の各号に適合するものでなければならない．
 一 特許を受けようとする発明が発明の詳細な説明に記載したものであること．
 二 特許を受けようとする発明が明確であること．
 三 請求項ごとの記載が簡潔であること．
 四 その他経済産業省令で定めるところにより記載されていること．

上記のうちで，もっとも問題となるのが，36条6項2号の"特許を受けようとする発明が明確である"という**明確性の要件**です．以下では，審査基準を参照して，特許を受けようとする発明が明確でないとされる場合を紹介します．すなわち，審査基準では以下の場合に，36条6項2号違反となるとされています．

審査基準（抜粋）

(1) 請求項の記載自体が不明確である結果，発明が不明確となる場合．
(2) 発明を特定するための事項の内容に技術的な矛盾や欠陥があるか，又は，技術的意味・技術的関連が理解できない結果，発明が不明確となる場合．

  例：「40～60重量％のA成分と，30～50重量％のB成分と，
    20～30重量％のC成分からなる合金」

> 注）A成分を60重量％とすれば，B成分およびC成分をそれぞれ30重量％，および20重量％としても，総重量が100％を超えてしまう

(3) 特許を受けようとする発明の属するカテゴリー（物の発明，方法の発明，物を生産する方法の発明）が不明確であるため，又は，いずれのカテゴリーともいえないものが記載されているために，発明が不明確となる場合．

    例1：「～する方法又は装置」
    例2：「～する方法及び装置」
    例3：「化学物質Aの抗癌作用」

(4) 発明を特定するための事項が選択肢で表現されており，その選択肢どうしが類似の性質又は機能を有しないために発明が不明確となる場合．

(5) 範囲をあいまいにする表現がある結果，発明の範囲が不明確な場合.
上限又は下限だけを示すような数値範囲限定（「〜以上」,「〜以下」）がある結果，発明の範囲が不明確となる場合．
比較の基準又は程度が不明確な表現（「やや比重の大なる」,「はるかに大きい」,「高温」,「低温」,「滑りにくい」,「滑りやすい」等）があるか，あるいは，用語の意味があいまいである結果，発明の範囲が不明確となる場合．
「所望により」,「必要により」などの字句とともに任意付加的事項又は選択的事項が記載された表現がある結果，発明の範囲が不明確となる場合．「特に」,「例えば」,「など」,「好ましくは」,「適宜〜」のような字句を含む記載もこれに準ずる．

審査基準では，上記以外にも発明の範囲が不明確となる場合をあげています．特許請求の範囲は特許権の効力を決める部分なので，その範囲が明確でなければなりません．発明は，"物の発明"と，"方法の発明"に分けられます．物の発明については，その物を構成している要素を特定して，請求項とします．一方，方法の発明については，その方法に関する工程を特定して，請求項とします．

3・3・5 特許請求の範囲の想定例

たとえば，球状チョコレートの周りに糖質のコーティング層を設けた，口の中で溶けて手で持っても溶けないチョコレートを発明したとします．その場合に，どのような請求項を設ければよいでしょうか．

a. 想定1 たとえば，「口に入れると溶けるが，手で持っても溶けないチョコレート」という請求項は妥当でしょうか．

このような請求項は，通常認められません．なぜなら，「口に入れると溶けるが，手で持っても溶けない」というのは，発明が達成しようとする効果であって，構成ではないからです．これでは発明が特定されません．また発明者は，口に入れると溶けるが，手で持っても溶けないあらゆるチョコレートについて，当業者が実施できる程度に発明していないので，発明が特定されておらず，また実施不可能な部分を含んでいます．「××したので，○○という効果を得られた」という場合に，「××」（構成）を請求項に記載します．

b. 想定2 「請求項1 チョコレート部（1）と，前記チョコレート部（1）を取り囲む○と×とを含むコーティング層（2）を具備するチョコレート」という請求項はどうでしょうか．

本発明のチョコレートは,「チョコレートの周りに糖質のコーティング層を設けたので,口の中で溶けて手で持っても溶けないという効果を得た」ものです.よって,この請求項は,発明の構成を特定しているといえます.また,コーティング層(2)が,チョコレート部(1)を取り囲むとされているので,各構成要件の関連も明確です.一方,コーティング層がどの程度厚さがあるのか,コーティング層に含まれる○と×との量が必ずしも明確ではありません.そこで,c.想定3のような請求項が考えられます.

> **メモ** 物の発明を請求項に記載する場合,図面の符号を用いると発明を理解しやすくなる.そこで,図面に記載された各要素について,カッコ書きの符号を用いて請求項に記載することが許されている.

c.想定3 「請求項2 前記コーティング層は,前記○を○重量%と,前記×を×重量%含み,前記コーティング層の平均厚さが0.5 mm～2 mmである請求項1に記載のチョコレート」.このようにすれば,ある程度,発明の範囲が明確になります.請求項2は,請求項1を引用していますので,「チョコレート部(1)と,前記チョコレート部(1)を取り囲む○と×とを含むコーティング層(2)を具備するチョコレートであって(請求項1の部分),前記コーティング層は,前記○を○重量%と,前記×を×重量%含み,前記コーティング層の平均厚さが0.5 mm～2 mmであるチョコレート」といった意味になります.

なお,請求項1と請求項2とは,別々の発明について規定しています.請求項1と請求項2とが特許された場合に,請求項1に関する特許権の範囲が,請求項2に関する特許権の範囲より広いものとなります.請求項2があることにより,請求項1の権利範囲が限定されるということはありません.

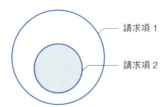

請求項1と請求項2とは別々の権利となる.独立項である請求項1の範囲は,その従属項である請求項2より一般的に広い.

図3・1 各請求項の関係

d．想定4 その他，コーティング層の表面を特殊コーティングすればさらに効果がある場合は，そのようなコーティング層についての請求項を作ってもよいでしょう．チョコレートやコーティング層の物性値で特定した請求項も公知発明との差を出すために有効といえます．さらに製造方法の請求項を設けておくことも考えられます．

なお，請求項の数は，いくつでも作ることができます．請求項の数が300を超える特許出願も時折見かけます．しかし，請求項の数に応じて費用も高くなります．

> **メモ** 米国特許出願は，独立項3個，請求項が20個までは追加料金が加算されない．一方，欧州特許出願は，物及び方法のカテゴリーにつき原則として独立項を一つずつしか設けられない．

3・4 明細書・図面の書き方

3・4・1 はじめに

特許請求の範囲には，特許権の効力を決める役割があることがわかりました．では明細書や図面はどのような役割をもっているのでしょうか．また，明細書や図面はどのように書けばよいのでしょうか．

3・4・2 明細書の役割

特許を受けるためには，特許を受けようとする発明の範囲が明確であることはもちろん，明細書の記載に関してさまざまなことが求められます．たとえば，当業者が，特許請求の範囲の発明を実施できること（**実施可能要件**）や，特許請求の範囲に記載された発明の技術上の意義（発明が，どのような技術的貢献をもたらしたか）が明らかにされなければなりません（**委任省令要件**）．これらを担保するのが明細書の役割です．また，特許請求の範囲を補正する場合も，出願時の明細書または図面に記載した範囲内でしか補正できません．すなわち，将来特許請求の範囲を補正する際に，補正の根拠となるのが明細書なのです．また，明細書や図面は，特許請求の範囲の用語の意義を解釈する上で用いられます（特70条2項）．よって，明細書は，特許請求の範囲の解説欄のような役割もあります．

3・4・3 明細書の記載要件

a．実施可能要件と委任省令要件 明細書について，特許法では以下のように規定しています．

【特許法36条4項】 発明の詳細な説明の記載は，次の各号に適合するものでなければならない．
　一　経済産業省令で定めるところにより，その発明の属する技術の分野における通常の知識を有する者がその実施をすることができる程度に明確かつ十分に記載したものであること．
（二号省略）

　すなわち，上記の規定のうち「その発明の属する技術の分野における通常の知識を有する者（当業者）がその実施をすることができる程度に明確かつ十分に記載」とは，いわゆる**実施可能要件**を意味します．ここで，"実施"とは，物の発明については，その物が特定でき，その物を作ることができ，その物を使用できることを意味します．方法の発明については，その方法を特定でき，その方法を使用できることを意味します．この要件は，基本的には，特許請求の範囲に記載された全範囲の発明について要求されます．そして，**委任省令要件**について，経済産業省令には以下のように規定されています．

【特許法施行規則第24条の2（委任省令）】 特許法第36条第4項第1号の経済産業省令で定めるところによる記載は，発明が解決しようとする課題及びその解決手段その他のその発明の属する技術の分野における通常の知識を有する者が発明の技術上の意義を理解するために必要な事項を記載することによりしなければならない．

　すなわち，明細書によって，特許請求の範囲に記載した発明（課題の解決手段）について，従来とどのように異なるのか，従来技術からみた**技術的貢献**などが明らかにされなければなりません．たとえば，背景技術の欄に，発明に関連のあると思われる技術を開示し，解決課題の欄に，その従来技術の問題点（出願する発明により解決されるもの）をあげ，そのうえで解決手段の欄に，「本発明は，従来の△△を××としたので，××が……のように作用し，○○という効果を得ることができる」のように記載すれば，発明の**技術上の意義**が明確になります．

　b．先行文献開示要件　特許法36条4項2号は，発明者が知っている発明に関連する公知文献（インターネット上の情報を含む）について，文献名や情報の所在などを明細書に明記するよう要求しています．この要件を満たさないことは，拒絶査定の理由の一つとされています．発明の技術上の意義を明確にするためにも，出願しようとする発明に関連する公知文献と，その文献に開示されている発明の概要，

および出願しようとする発明との違いを明細書に明記しておくことが望まれます．具体的な先行文献などの書き方は，特許・実用新案の審査基準が参考になります．

c．開示要件　特許請求の範囲の記載は，「特許を受けようとする発明が発明の詳細な説明に記載したものであること」が必要です（特36条6項1号）．この要件を満たすためには，特許請求の範囲の各請求項に記載した事項を，発明として明細書に記載しなければなりません．つまり，各請求項に係る発明を当業者が実施できる程度に記載しておかなければなりません．

以下では，具体的な明細書の例を見てみましょう．

＊以下の例は，あくまで見本である．この内容では新規性なしとして拒絶されるし，実際の明細書としては，未完成であり内容が希薄である．この点に注意し，要点を理解してほしい．

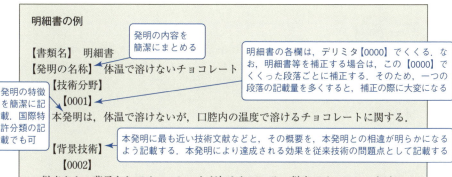

【0004】
　　【特許文献1】　特開○○-○○○号公報
【非特許文献】
【0005】
　　【非特許文献1】　××ら，「××」，Vol.×，×，2003.
【発明の概要】
【発明が解決しようとする課題】

> 本発明により解決できた従来の問題点を記載する．課題は一つでなく多数あってもよい

【0006】
　本発明は，チョコレートの風味を損なわずに，口の中で溶けて手で溶けないチョコレートを提供することを目的とする．
【課題を解決するための手段】

> 発明のポイント，従来技術との相違点，それがなぜ効果をもたらすかについて簡潔に記載する

【0007】
　本発明は，基本的には，溶け易いチョコレートをコーティング層で包むものであり，コーティング層は，口腔内の温度では溶解するが体温では溶解しないので，口の中で溶けて手で溶けないチョコレートを提供できるという知見に基づくものである．

> 請求項が少ない場合，各請求項がどのように機能して効果をもたらすかを記載．請求項が多い場合，独立項のみでもよいし，この欄に記載しなくてもよい

【0008】
　(1) 上記の課題を解決するため，本発明のチョコレートは，チョコレート部1と，そのチョコレート部1を取り囲む○と×とを含むコーティング層2を具備する．すなわち，本発明のチョコレートは，口腔内の温度では溶解するが，体温では溶解しないコーティング層2を具備するので，口の中で溶けて手で溶けないという効果がある．また，本発明のチョコレートは，チョコレートに，△△を混入する必要が必ずしもないので，チョコレートの風味を損なわずに済むという効果もある．
【0009】
　(2) 本発明のチョコレートは，好ましくはコーティング層が，○を○重量％と，×を×重量％含み，コーティング層の平均厚さが0.5 mm〜2 mmである．コーティング層が，○を○重量％と，×を×重量％含む場合は，コーティング層が口腔内の温度では溶解するが体温では溶解しない．また，このような素材を用いた平均厚さが0.5 mm〜2 mmのコーティング層であれば，ある程度の強度を有するので，チョコレートを運搬等している最中にコーティング層が破損する事態を防止でき，一方，口の中で速やかに溶けるという効果がある．
【発明の効果】
【0010】
　すなわち，本発明によれば，チョコレートの風味を損なわずに，口の中で溶けて手で溶けないチョコレートを提供できる．
【図面の簡単な説明】
【0011】
【図1】　図1は，本発明のチョコレートの基本構成を表す概略図である．

【発明を実施するための形態】 ← すべての請求項の記載事項を書く．各請求項は実施可能なように，物が明確に特定でき，物を製造・使用できるように記載する

【0012】
図1は，本発明のチョコレートの基本構成を表す概略図である．図1に示されるとおり，本発明のチョコレートは，…… ← 図面を参照するとわかりやすい

← まず，発明（チョコレート）の全体構成を説明

【0013】
チョコレート部は… ← 各構成要素について説明する．特に特許請求の範囲にわかりにくい用語を用いる場合，定義を記載しても可

【0014】

← 発明の本質的部分（従来技術との相違点）については，詳細に記載する

好ましい範囲を記載しておけば，のちに補正する際に役立つ

【0015】
コーティング層の平均厚さとしては，□□なので，好ましくは平均厚さが0.5 mm～2 mmであり，より好ましくは××××なので，××から××であり，更に好ましくは○○なので，○○～○○である．なお，本明細書において，平均厚さとは，△△を意味し，JIS ##-####にしたがって測定すればよい．

← 工程ごとに，使用した装置，触媒，原材料（量・濃度），溶媒，反応方法，温度，湿度，圧力，時間などを記載

【0016】
次に本発明のチョコレートの製造方法について説明する．… ← 物の製造方法について説明

← 平均厚さなど，複数の意味に解釈できる場合は，明確にするためJISなどを参照または測定方法を明記

どのように使用するか記載

【0017】
本発明のチョコレートを手にとる．この際，コーティング層の融点は，×点なので，コーティング層は手で溶けない．一方，本発明のチョコレートを口に入れると，口の温度は約△℃であるから，コーティング層が溶ける．すると，口の中にコーティング層内部のチョコレートが溶け出し，チョコレートの甘さが口一杯に広がる．

【実施例1】 ← 実際に製造した例を具体的に記載する．実施例は一般に多いほどよい．記載方法は，学術論文の experimental section と同様．想定実施例については，現在形の表現で記載

【0018】

【産業上の利用可能性】
【0019】
本発明のチョコレートは，菓子として製造・販売されるので，菓子産業にて利用されうる．

【符号の説明】
【0020】
1 チョコレート部
2 コーティング層
  ：

3・4・4　その他の留意点

　ここまでの説明で，ある程度明細書についてのイメージはつかめたと思います．実際の明細書は，いろいろな書き方のパターンがありますので，実際に明細書を書く際には，たとえば特許庁の J-PlatPat から，何件か最新の公開公報と，特許掲載公報とを入手して，それらを見本にするとよいでしょう．以下，いくつかの注意点を説明します．

　a．紙の大きさ，文字の大きさ　　紙で出願する場合，用紙は，日本工業規格 A列4番（いわゆる A4）の大きさとします．その際の文字は，10 ポイントから 12 ポイントまでの大きさとします．

　b．化学式，数式，表を記載する　　化学式を明細書中に記載する場合には，化学式が出るごとに化学式の上に【化1】，【化2】のように連続した番号をつけて記載します．

　化学式は，テキストではないので，電子状態にする際に取込んでリンクを貼ります．そこで，【化1】などは，取込む化学式を順番に示したものです．たとえば，化学式（Ⅰ）を明細書中で2回用いた場合，一度目の化学式（Ⅰ）と二度目の化学式（Ⅰ）では，それらの上につける【化1】などの番号が異なります．また，テキストで表せない数式を用いる場合は，【数1】，【数2】のような番号を付し，表を用いる場合は，【表1】，【表2】のような番号を付します．

　c．発明の名称　　発明の名称の欄には，半角を用いてはいけません（特施行規則様式 29 備考 4）．

　d．塩基配列，アミノ酸配列　　4以上のアミノ酸配列を有するペプチドや，10 以上の塩基配列を有するポリヌクレオチドがある場合は，配列表を作成し，インターネット出願の際にハイパーリンクを貼ります．**配列表の作成方法**は，特許庁のホームページにガイドラインがアップロードされています．

　e．微生物の寄託　　実施例において微生物を作出した場合は，その微生物を寄託することが勧められています．

　寄託しなくても，当業者がその微生物を容易に製造できる場合はよいのですが，寄託情報があれば，実際にその微生物を製造したことの証になり，後に面倒な手続きをしなくて済む場合があります．

　寄託に関しても，特許庁のホームページにガイドラインがアップロードされています．なお，寄託番号を表示する場合は，微生物名の次に寄託番号を表記します（特施行規則様式 29 備考 11）．

3・4・5 図面の書き方

つぎに図面の書き方について簡単に説明します．図面には，発明の概要や実施例，従来例などの構成を描きます．明細書も図面を参照しながら説明するので，明細書で発明を説明しやすいような図面を作成します．

a．図面の順番　一般的には，権利を取得しようとする発明を最もよく表す図を【図1】とします．特に機械の分野などでは，通常一つの図面で発明を表せないので，【図1】のみならず，【図2】，【図3】のように，連続番号を付した複数の図面を用います．なお，一つの図の中に，複数の部分図がある場合は，図1 (A)，図1 (B) のように区別するか，図1 (a)，図1 (b) のように区別するのが一般的です．従来技術の図面は，最後の方の番号とします．一つの番号を付した図を複数ページに描くことはできません．一つのページに複数の図面を描いても構いません．

b．用いる線　図面を作成するために用いる線の太さは，実線は約 0.4 mm（引出し線は約 0.2 mm），点線（破線）および鎖線（一点鎖線，二点鎖線）は約 0.2 mm です．

図面の中の各要素には，符号をつけます．符号には引出し線を設けて，その符号がどの部分を指してるか明確にします．符号の番号は任意ですが，明細書に出てくる要素の順に 1，2，3 などと符号を振ると読みやすくなります．また，構成要素が変わるたびに，11，12，13 などと桁を変えるとわかりやすくなります．図面が変わっても，同一の要素には，原則として同一の符号をつけます．図面ごとに符号を区別したい場合は，1a，2a，3a；1b，2b，3c のように区別すると，対応関係がわかりやすくなります．

c．図の中の言葉　図の中の要素は，基本的には符号を付しておき，その符号を明細書で説明することが望ましいといえます．ただし，グラフの縦軸および横軸の説明，線の説明および領域の説明や，フローチャートやブロック図の各要素の説明などは，図面中に記載しても構いません．この場合，記号や単位などを除いて，日本語で記載する必要があります．

d．写真などのデータ　実施例で得られた写真などを図面として提出することもできます．ただし，その場合は，図面の説明として，「図○は，……図面に替わる SEM 写真である．」のように記載します．図面を電子化する際に解像度が下がります．ですから，写真などを図面として用いる場合は，できるだけ明瞭なものを用いる必要があります．また，インターネット出願を行うとカラー図面が白黒に

なります．そのような場合，出願と同日または数日以内に物件提出書によりもとの図面などを提出することができます．特に国際出願では，図面が鮮明でないと補正命令が出されるケースが多いようです．

e．図面のある場合の明細書　図面を願書に添付した場合は，明細書の最後の部分に，【図面の簡単な説明】の欄と，【符号の説明】の欄を設けます．なお，国際出願や米国出願では，符号の説明の欄がありません．よって，図面に符号を付した場合は，明細書中でその符号がさす要素について言及することが好ましいといえます．

3・4・6　要約書の書き方

要約書は，その内容が適切でなければ，特許庁長官が内容を修正します．なお，要約書に記載した事項に基づいて明細書などを補正することができず，要約書は特許権の効力範囲を考慮する要素とはなりません（特70条3項）．また，要約書の文字数は400字以内であることが好ましく，簡潔に記載します．要約書には，【課題】，【解決手段】および【選択図】の欄を設けます．【課題】および【解決手段】は，明細書の【発明が解決しようとする課題】の欄や【課題を解決するための手段】から，適宜言葉を抜き出して作成すれば十分です．【選択図】の欄は，願書に添付された図面の中から，最も発明の特徴を表す図を一つ選択し，"【選択図】図1"のように記載します．この選択された図が，特許公報に記載されることとなります．なお，願書に図面が添付されていない場合や，図面を選択しないときは，"【選択図】なし"と記載します．

> **メモ** 出願書類の郵送先は以下のとおり．
> 　　　　〒100-8915　東京都千代田区霞が関3－4－3
> 　　　　　　　　特許庁　御中

特許の利用

4・1 特許と業績：田中耕一氏のノーベル賞受賞と特許
4・1・1 はじめに

2002年に田中耕一氏がノーベル化学賞を受賞したことは，科学の世界ばかりではなく，特許の世界にまで大きな反響をもたらしました[*1]．

田中氏は，「特許をとることに積極的ではない．特許をとるより仕事が面白いかどうかが重要で，面白い研究が続けられていることに満足している．……85年に会社が特許を出願して成立したので，先にやったという証になり，今回の受賞に役立った．……質量分析計に関する特許をすべて押さえていたら，こんなに普及しなかったのではないか．同様の研究をしていた大学の研究者が成果を公開し，誰でも使えるようにしたのでこれだけ広がったのだと思う」と述べています[*2]．

田中氏の"研究だけをやっていたい"という姿勢は，研究者のみならず，一般の者にも親しみと好感をもたせたことと思われます．世の中には，"特許は技術の進歩を邪魔するだけで，特許など取らないほうが自分の技術が普及する可能性が高くなる"と主張する研究者も多いと思います．田中氏は，まさにそういった見解をもっているようです．

本節では，ノーベル賞の受賞に関連した田中氏の特許を中心として，実際に特許を取得するに至る実例をみた上で，特許は本当に技術の普及を妨げるのかを検討します．

[*1] ノーベル賞選考委員会が発表している受賞理由は「生体高分子の同定及び構造解析のための手法の開発」．
[*2] 2002年10月11日付 日本経済新聞朝刊．

4・1・2 ノーベル賞受賞発明と関連する田中氏の特許

a．田中氏の特許　田中氏は，ノーベル賞を受賞した平成14年11月16日の時点で国内特許を11件，国際特許を1件出願しています．それらの12件の出願うち，日本で特許になっているものはわずか3件であり，出願審査請求すらされなかったものも4件あります[*3]．

表4・1に示したとおり，これ以前にノーベル化学賞を受賞した野依良治氏，白川英樹氏が，それぞれ少なくとも167件，33件の国内特許出願をしていることに比べると，田中氏の特許出願件数は少ないといえます．

表4・1　ノーベル賞受賞者と特許（特許庁ホームページより）

受賞年	氏　名	分　野	日　本	米　国	欧　州
2002	田中　耕一	化学賞	12	1	1
2002	小柴　昌俊	物理学賞	0	0	0
2001	野依　良治	化学賞	167	40	72
2000	白川　英樹	化学賞	33	9	4
1987	利根川　進	医学・生理学賞	3	9	3
1981	福井　謙一	化学賞	3	9	23
1973	江崎　玲於奈	物理学賞	19	33	23

平成14年11月16日現在．

さらに，田中氏がノーベル賞を受賞した技術に関連する特許は，1985年に出願された"レーザイオン化質量分析計用試料作成方法および試料ホルダ"のわずか1件だけです．また，この発明は外国へ出願されていません．

優れた技術を発明しても，特許がなければ第三者が自由にその発明を利用できます．外国へ出願していないということは，外国では，誰でも田中氏の上記発明を自由に実施できるということです．

それでは，田中氏のノーベル賞関連特許は，どのような経緯を経て登録されたのでしょうか．

b．審査経緯（特許の流れ）　田中氏のノーベル賞技術関連発明は，表4・2のような過程を経て特許されています．

[*3] 平成14年11月16日の時点でのデータによる．なお，実用新案登録出願も1件ある．

すなわち，表4・2の審査経緯から，田中氏の出願は，一度も審査官によって拒絶されず，そのまま特許になったことがわかります．

表4・2　特許第1769145号の審査経緯

出願日	昭和60年8月21日（出願番号　特願昭60-183298号）
出願公開	昭和62年2月25日（公開番号　特開昭62-043562号）
出願審査請求	昭和62年8月20日
特許公告	平成4年8月17日（特公平4-50982号[注]）
特　許	平成5年6月30日（特許第1769145号）

注）現在は出願公告制度が廃止されているので，最近の出願が出願公告されることはない．

c．技術内容　　特許公報から理解できる技術の内容を以下に説明します．

従来は，図4・1に示すように，分析したい固体試料（タンパク質など）を溶かしてグリセリンなどとともに試料ホルダに塗布していました（図4・1(a)）．この場合，試料にレーザ光を照射すると，レーザ光は試料ホルダに吸収されます（図4・1(b)）．その結果，試料ホルダが加熱され，その熱で固体試料が蒸発します（図4・1(c)）．また，グリセリンにより，固体試料の移動度が高くなるため，固体試料が蒸発しても，まわりから固体試料が順次補給され，固体試料の蒸発が継続して行われます（液体マトリックス法）．

しかし，グリセリンによって試料ホルダへレーザ光がうまく届かないという問題がありました（図4・1(b)）．

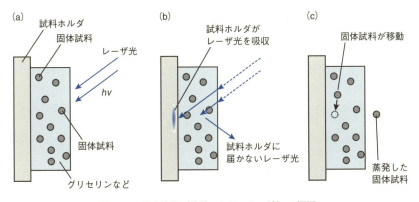

図4・1　従来技術（液体マトリックス法）の概図

この問題に対し，レーザ光を吸収する金属微粒子を固体試料と混ぜ，試料ホルダに塗布することにより，上記の課題を解決したのが田中氏の発明です[*4]．

すなわち，図4・2に示されるように，レーザ光を試料に照射すると，「そのレーザ光は金属微粒子に吸収され（図4・2(b)），急激な温度上昇が生ずる．これにより，試料のイオン化が達成される（図4・2(c)）．……イオン化して引出された試料分子の後に，順次ほかの試料分子が回りから補給され，イオンの生成を長時間維持させることができる」というものです[*5]．

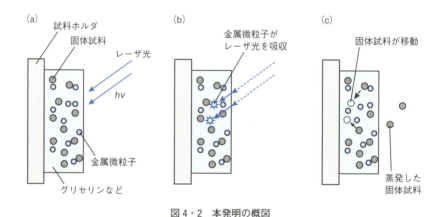

図4・2　本発明の概図

> **メモ** このように，特許公報は，技術内容をわかりやすく記載しているので，ある技術を学習する際に，特許公報を用いると比較的容易に理解できる．

d．特許の効力　　上記の田中氏の特許の効力についてみてみましょう．特許第1769145号の権利範囲を示す"特許請求の範囲"の欄には，つぎのとおり記載されています．

[*4] 金属微粒子にレーザ光を吸収させる技術は，島津製作所の吉田佳一氏が先に出願している（特開昭61-200663号公報）．
[*5] 特公平4-50982号公報第2頁左欄第35行目〜第44行目．

4・1　特許と業績：田中耕一氏のノーベル賞受賞と特許　　　　　　　　　　101

[請求項1]
　パルスレーザ光の照射により試料からイオンを引出して分析部に導き，そのイオンの質量を求める装置により，固体試料を分析するに当り，上記装置に供する試料を作成する方法であって，分析すべき固体試料を溶媒で溶かして試料溶液を作った後，その試料溶液と，グリセリン等の高粘性で低蒸気圧の液体と，金属微粒子とを混合し，その混合物を上記装置の試料ホルダに塗布することを特徴とする，レーザイオン化質量分析用試料作成方法．

[請求項2]
　パルスレーザ光の照射により試料からイオンを引出して分析部に導き，そのイオンの質量を求める装置において，固体試料を分析すべく，当該固体試料を溶媒で溶かしてなる試料溶液と，グリセリン等の高粘性で低蒸気圧の液体と，金属微粒子とを混合して作成された試料を塗布して保持するための試料ホルダであって，上記試料塗布面に，複数の一様な凹凸を形成したことを特徴とする，レーザイオン化質量分析計用試料ホルダ．

　上記の請求項1は，レーザイオン化質量分析用試料の作成方法に関する特許です．請求項2は，試料ホルダのみが権利範囲です．この試料ホルダを特許権者以外の者が使用して質量分析器を製造等する場合，この試料ホルダの特許発明を実施することになりますから，特許権者は権利侵害として訴えることができます．

4・1・3　特許は技術の発展を妨げるか

a．特許文献は注目される　　田中氏の発言から，質量分析に関する特許を押さえなかったことにより，田中氏の技術が普及し，その結果ノーベル賞受賞に至ったとの見解が見受けられます．田中氏が述べるように，特許は技術の普及を阻害するものなのでしょうか．ある一面のみを見ると，この見解は正しいでしょう．特許権は独占排他権なので（特68条本文），原則として特許権者以外はその発明を実施できなくなります．特許がなかったらからこそ，第三者が自由に田中氏の発明を利用でき，さらに技術が進歩し，普及したのだといえそうです．
　一方で，いまや特許文献は，学術文献と同様に研究に利用されています．したがって，発明を特許出願し，その内容が公開されることは，海外の企業や研究者の

目にとまる一手段となります．特許が公開されることにより，公開された発明を利用した改良技術や，特許を逃れるための改良技術も発明されることにつながります．また，たとえば，田中氏が質量分析に関する特許を押さえていたとしても，その発明が重要な技術であれば，世界中の研究者や企業が着目し，必要に応じ発明の実施許諾（§4・3・2）を求めてくると思われます．したがって，特許が技術の普及を妨げるとは必ずしもいえないでしょう．

b. 特許出願の必要性　企業での研究の成果を，特許出願せずに学会発表や論文投稿だけを行うことはありえません．ある技術を開発するために，企業は相当な金額を投資します．発明が公開され，特許がなければ，ライバル企業は少ない開発費用でその技術を利用できます．したがって，特許制度がなければ，自ら投資して研究開発を行うよりも，第三者の研究成果を模倣したほうが，経営上有利になります．すると，どの企業も自らの資本を投下して研究開発を行わなくなります．これでは新たな発明や改良技術は生まれません．研究開発費を回収し，さらに技術を進歩させるためにも，特許は必要なのです．

なお，大学での研究は，科学の進歩と真理の究明が第一で，研究費を回収する必要はそれほどないかもしれません．したがって，特許など出願する必要はそれほど高くないともいえます．大学教官の貴重な時間と能力を，特許のために割くのは必ずしも得策とはいえません．大学の教官は，特許など余計なことを考えず，研究に集中すべきという考えもある意味，正しいでしょう．しかしながら，先に説明したとおり，特許を出願することは，国内外の企業・研究者がその発明を知るきっかけとなります．また，研究費を海外企業からの発明の実施料などにより回収することは，自らの研究費を増やすことにつながり，研究環境の向上にもつながります．実際に，特許収入によって，研究環境をよりよいものとしている大学教授も少なくありません．

c. 特許と学会発表　特許を取得するためには，その発明が新規でなければなりません．そこで，たとえば企業と大学の共同開発の場合など，特許出願をするまで学会発表を慎むよういわれるケースがあるようです．しかし，予稿集の段階で出願にとりかかれば，学会までに十分出願できます．特に，弁理士などの代理人や知的財産部に出願を依頼すれば，最小の労力で特許出願できます．また，学会発表しても特許法30条の規定の適用を受けることにより，新規性や進歩性の判断について，その発表をなかったものとして扱うことができます（§2・3・4）．なお，共同研究の内容が，営業秘密である場合は，その内容を発表することは営業秘密の漏

洩（§7・4）になります．逆に公知となった情報は営業秘密ではなくなるので，特許出願し，それが公開されれば，自由に学会発表などをできるようになります．いずれにせよ，企業と大学の研究者などが共同開発を進める場合は，事前に学会発表などについて，きちんと取決めを結ぶことが望ましいといえます．

4・1・4 特許と業績の関係

a．先にやったという証　田中氏も特許出願が「先にやったという証になり，今回の受賞に役立った」と述べているように，特許の重要性が増している現在においては，特許出願することは，ある技術分野において自分の地位を確固たるものとするためにも重要であると考えられます．論文を書くのは大変ですが，特許に関しては弁理士や知的財産部などサポーターが多いので比較的容易に特許を取得できます．

b．業績評価としての特許　"*Nature*に掲載された"といえば，それだけで大きな業績があったことがわかります．このように雑誌論文であれば，雑誌のインパクトファクターや論文の引用回数を参考に，ある程度業績を評価できます．

　一方，特許出願などによって，業績を評価することは非常に難しいと思われます．特に，特許出願件数や特許件数だけでは，業績を適正に評価することはできません．なぜなら，特許出願そのものは，出そうと思えば，何万件でも簡単に出せます．また，特許件数を増やそうと思えば，一つの発明を小刻みに出願すればよいのです．

　そのほか，実施料収入の大きさによって，業績を評価することも考えられます．しかし，実施料収入に至るケースはまれですし，ある特許の実施料の額と，学術的貢献とは必ずしも相関関係がありません．

　たとえば，誰かが初めて豆電球という概念を作り出し，フィラメントを"竹"で作ったとします．このフィラメントの発明こそ，基本発明であり，学術的に偉大な業績といえます．しかし，"竹"製のフィラメントでは，事業化はできないでしょう．そこで，"金属製"のフィラメントの登場により初めて事業化ができ，実施料収入につながるのです．

　特許を評価できる機関を設けることが可能であれば，特許を研究者の業績評価に加えることも可能かもしれません．また，特許を出願するための動機づけを与えるために特許出願件数を評価の対象とすることは有効といえるでしょう．しかし，特許出願数や特許件数，実施料収入の大きさだけをもって，特許を業績評価に加えるのは必ずしも妥当ではないと思われます．

4・2 職務発明

4・2・1 はじめに

企業の退職者が,それまで勤めていた企業を訴える事件が多発しました.その中でも,中村修二教授の事件は,青色発光ダイオードの画期的な製造方法に関するものであり,大きな話題となりました.では,どのような仕組みで,従業者は企業を訴え,どのようにして支払額が決まるのでしょうか.

4・2・2 従業者が企業から対価を請求できる理由

本来,特許を受けることができる者は,発明者です(特29条1項柱書).しかし,仮に発明者が特許権者となり,企業がその発明を実施できないのでは,事業が成り立たなくなります.そこで,特許法は,いわゆる職務発明について,従業者が特許権者となったとしても,企業はその発明を実施できるとしています(特35条1項).

【特許法35条1項】 使用者,法人,国又は地方公共団体(以下「使用者等」という.)は,従業者,法人の役員,国家公務員又は地方公務員(以下「従業者等」という.)がその性質上当該使用者等の業務範囲に属し,かつ,その発明をするに至った行為がその使用者等における従業者等の現在又は過去の職務に属する発明(以下「職務発明」という.)について特許を受けたとき,又は職務発明について特許を受ける権利を承継した者がその発明について特許を受けたときは,その特許権について通常実施権を有する.

しかし,従業者が特許権をもつとすれば,その従業者が,特許権を競合他社に売るかもしれません.

> メモ 特許法35条1項の規定からもわかるとおり,上記の事柄は,企業と企業の従業員との関係のみならず,国の研究機関とその研究員,大学と教授などの関係にも当てはまる.

そこで,企業は,従業者の入社時などに"職務発明については,発明時に,会社が特許を受ける権利を取得する"という内容の契約を結ぶのです.このような契約は,**職務発明**であれば適法であると解釈されています.そして,そのような契約がある場合,特許を受ける権利は,はじめから使用者等に帰属することとされています(特35条3項).つまり,上記の契約が存在する場合,職務発明については,企

業等のみが特許出願を行うことができ,発明者が特許出願をしたとしても,拒絶され(特49条7号),誤って特許されても,無効(特123条1項6号)とされることとなります.

一方,発明者の発明創作へのインセンティブを確保するものが,企業等から従業者等へ支払われる**相当の利益**(相当の金銭その他の経済上の利益)です(特35条4項).たとえば,発明者は,企業等が出願人となる代わりに,企業等から**相当の利益**を受ける権利をもつこととなります.なお,相当の利益は,平成28年4月1日以前に従業者などへ支払われた**相当の対価**に対応したものです.

4・2・3 職務発明とは

a. 職務発明 "職務発明"は,上記の特許法35条1項に定義されるとおり,「発明の性質上企業等の業務範囲に属し,かつ,その発明をするに至った行為がその企業等における従業者等の現在又は過去の職務に属する発明」とされます.要するに企業活動などの中で生まれた発明は,基本的には職務発明となります.たとえば,企業の研究者が仕事を自宅へ持ち帰って研究して,発明を完成させた場合も,"職務発明"とされます."従業者等による発明"には,職務発明以外に,"業務発明"や"自由発明"もあります.

b. 業務発明と自由発明 "業務発明"とは,企業などの業務範囲に属する発明のうち,職務発明以外の発明です.たとえば,自動車会社の社長の運転手が,自動車に関する発明をした場合,その発明は業務発明となります.自動車は,この会社の業務範囲に属します.しかし,運転手の職務は,自動車を開発することではありません.よって,運転手がした自動車に関する発明は,職務発明ではなく業務発明となります.一方,"**自由発明**"とは,企業の業務範囲に属さない発明です.業務発明や自由発明については,特許を受ける権利をあらかじめ企業などに承継させる旨を定めることはできないとされています(特35条2項).

4・2・4 相当の利益

従来は,以下の算定式に基づいて,職務発明の相当の対価を定めることとされていました.

[職務発明の対価]=[企業などが受けるべき利益]×[発明者の貢献度]

一方,多くの企業は,出願時や特許時に一定額の報償金を支払っていたものの,

上記の算定式に基づいて1件1件相当の対価を求めるということは，行っていませんでした．

現行法のもとでは，相当の利益の内容が不合理でなければ，勤務規則等で定めた相当の利益の基準に基づいて，従業員等へ支払いを行えばよいとされています（特35条5項）．一方，相当の利益についての定めがない場合や，相当の利益が不合理である場合は，相当の利益の内容を，諸事情を考慮して定めなければならいこととなります（特35条7項）．ここで，諸事情とは，「その発明により使用者等が受けるべき利益の額，その発明に関連して使用者等が行う負担，貢献及び従業者等の処遇その他の事情」とされています（同項）．

この規定を受け，さまざまな企業が，職務発明の相当の利益の内容が不合理とならないように，従業員等への説明や社内規定の整備を行いました．発明者は，相当の利益の内容（額など）が少ないとして企業を訴えることは依然としてできますが，相当の利益の内容が合理的であれば，企業は特許法35条7項に基づく相当の利益の内容を議論しなくて済むからです．

4・2・5　合理的な相当の利益の内容

相当の利益の内容について，特許法35条5項は，以下のように規定します．

> **【特許法35条5項】** 契約，勤務規則その他の定めにおいて相当の利益について定める場合には，相当の利益の内容を決定するための基準の策定に際して使用者等と従業者等との間で行われる協議の状況，策定された当該基準の開示の状況，相当の利益の内容の決定について行われる従業者等からの意見の聴取の状況等を考慮して，その定めたところにより相当の利益を与えることが不合理であると認められるものであつてはならない．

上記の規定から，相当の利益の内容を決定するための（算定）基準をつくる際の**協議**の状況，基準の**開示**の状況，及び決定された相当の利益について**意見の聴取**の状況を考慮し，相当の利益の内容が合理的か否かの判断がなされることとなります．

相当の利益の内容については，経済産業大臣は特許法35条6項に従って指針を公表しており，その指針が相当の利益の内容を合理的なものとするうえで参考となります．もっとも，個別の案件については，上記の指針を受けた今後の裁判例を考慮しなければ，相当の利益の内容が合理的か否かを判断することは難しいといえます．

a. 協議の状況（相当の利益の内容を決定するための基準の策定に際して使用者等と従業者等との間で行われる協議の状況）　企業側は，従業員等と相当の利益の額をどのように支払うかについて，さまざまな情報を提供しつつ，十分に協議を行った証拠を残しておくことが重要といえます．なお，指針には，具体的な額の算定方法は記載されていません．一方，指針では，従業員等の貢献度を考慮することなく相当の利益の内容を決定した場合や，相当の利益の額の基準に上限を設けた場合，特許出願時や特許登録時の期待利益に応じた相当の利益を与えた場合に実際に得られた利益とかい離があったときでも，それらのことのみをもって不合理とは判断されないとしています．

相当の利益の基準は，企業ごとに大きく異なっています．出願時及び特許時に一定額を支払うこととしている企業や，企業側が発明を段階的に評価して支払額に差を設けている企業，ライセンス料などの諸事情を考慮して支払額に差を設けている企業などさまざまです．いずれにせよ，協議を適切に行ったと判断されるためには，企業等が作成した基準案や，企業等の費用負担やリスク，従業員等の処遇，同業他社の基準例などを従業員等に示しながら，十分に議論を行い，そして議論を行った証拠を残しておくことが望ましいといえます．

また，企業としては，研究者の功績を評価し，報酬を多くする，ストックオプションを付与する，留学させるといった経済的利益を与えることがあります．その一方で，後日，発明者から相当の利益を求められることがあり，それらの経済的利益と相当の利益とは別であるという主張がなされえます．そのような争いを軽減するため，企業が上記の経済的利益を与える場合，発明者に対し，これが相当の利益の一環であることを明確に伝えることが望ましいといえます．

b. 基準の開示の状況（策定された当該基準の開示の状況）　指針を受け，企業等には，具体的な相当の利益の算出方法といった相当の利益の内容や付与条件を含む基準を従業者等が見ようと思えば見ることができる措置を講ずることが勧められます．

c. 意見の聴取の状況（相当の利益の内容の決定について行われる従業者等からの意見の聴取の状況）　指針によれば，決定された相当の利益について，従業者等が意見を表明した際にそれを聴取する場合でも，意見の聴取がなされたと評価されることとされています．発明ごとに，企業と従業者が相当の利益について議論し合うことは，特に大企業では現実的ではありません．ですから，多くの企業では，上記の指針に従って，社内規定が設けられることが想定されます．

指針では，相当の利益の内容の決定について，社内に相当の利益に関する**異議申立制度**を設けて，相当の利益の付与に関する通知を行う際に，異議申立の連絡先を併せて通知することが提案されています．実際にこの指針を受け，多くの企業で，相当の利益に対する異議申立制度が採用されています．

4・3 ロイヤルティ収入

4・3・1 はじめに

近年では大学発のベンチャー企業が数多く起業されています．しかし，大学などの研究機関に所属する研究者や個人は，ある発明に基づいて製品を生産・販売できるだけの設備や資本をもっていません．このような場合，せっかく特許を取得しても，何ら利益を得ることができないのでしょうか．実は，特許を第三者に使わせて，そのかわりに対価を得ることができます．この対価が，ロイヤルティ収入（**実施料収入，ライセンス収入**ともいう）です．ロイヤルティ収入は，企業にとって貴重な財源の一つとなっています．

4・3・2 実施許諾（ライセンス）

a．ライセンス　特許権に基づいて収入を得るために，特許権を譲渡すること以外に，第三者に特許発明を実施することを許諾することがあります．これを実施許諾またはライセンスとよびます．実施許諾を受けた者を実施権者とよびます．実施許諾契約には，大きく分けて二つの種類の契約があります．一つは，専用実施権（特77条1項）を設定する契約であり，もう一つは通常実施権（特78条1項）を設定する契約です．なお，いずれの場合も特許発明を実施させる際は，実施できる発明の範囲，地域，期間などを限定することもできます．

b．専用実施権　専用実施権の設定の登録を受けた者（専用実施権者）は，設定された範囲で，特許権と同様の効力をもちます．すなわち，第三者が専用実施権を侵害した場合，専用実施権者は，特許権侵害の場合と同様に，差止請求や損害賠償請求などをすることができます．ただし，専用実施権を設定すると，特許権者もその設定した範囲で特許発明を実施できなくなります（特68条但書）．そこで，専用実施権が設定されるケースはそれほど多くありません．また，専用実施権者以外の者に実施許諾する場合は，専用実施権者の許諾を得なければならなくなります．

なお，専用実施権は，特許庁に登録しなければ効力が発生しません．よって，専用実施権を設定する際は，登録を行う必要があります．

c. 通常実施権 通常実施権の設定の登録を受けた者（通常実施権者）は，その設定された範囲で，特許発明を実施できます（特78条2項）．一方，通常実施権を設定した後も，特許権者は，その特許発明を実施できます．また，特許権者は，さらに他の者に実施許諾することもできます．なお，ある者にのみ実施許諾をし，他の者に実施許諾しない特約を伴った実施許諾権を**独占的通常実施権**とよびます．独占的通常実施権は，たとえば医薬などの分野でよく用いられています．

通常実施権は，結局は"特許発明を実施しても，特許権者が訴えない"という内容と同じです．

> **メモ** 特許権者と実施権者との間で契約が成立すれば，通常実施権が発生する．ただし，通常実施権を設定するという契約が成立した後に，特許権者が変わった場合や，専用実施権が設定された場合にも特許発明を実施し続けたい場合は，通常実施権を特許庁に登録する必要がある．すなわち，第三者対抗要件を得るためには，原簿への登録が必要となる（特99条1項）．

d. 実施料 実施料として，一時金によるもの，売上げに依存するもの，両者を併せたものなどさまざまなパターンがあります．また，実施料は，基本発明かどうか，製品などにおける発明の寄与度などを総合的に勘案して算出します．たとえば，特許1件当たりの実施料を売上げの○%として計算する場合，一般的に，医薬の分野で高い割合となり，電気・機械の分野で低い割合となる傾向があります．これは，医薬の分野では，製品に占める一つの特許発明の寄与度が高くなり，電気・機械の分野では一つの製品が複数の特許発明によって成り立っていることなどによります．

e. その他 特許権，専用実施権および通常実施権に対して**質権**を設定することもできます（特95条，77条4項，94条2項）．質権を設定しても，特許権者などは原則として特許発明を実施できます（特95条）．ただし，たとえば，約束した期日までに金銭を返済できない場合には，質権が実行され，特許権などが質権者に移ることになります．

第三者に登録実用新案や登録意匠を実施させる場合にも，専用実施権や通常実施権が設定されます．一方，第三者に登録商標を使用する場合は，専用使用権や通常

使用権が設定されます．

4・3・3 仮実施権

a．特許前のライセンス　特許出願が特許される前であっても，将来取得されるであろう特許権に対してライセンス（仮専用実施権及び仮通常実施権）を設定できます．

b．仮専用実施権　仮専用実施権は，仮専用実施権が設定された特許出願が特許され，登録された場合，仮専用実施権を設定した内容の範囲内で専用実施権が設定されたものとみなされます（特34条の2第2項）．なお，仮専用実施権を認める契約をしても，特許庁に登録しなければ仮専用実施権が発生しませんので（特34条の4第1項），注意が必要です．

c．仮通常実施権　仮通常実施権は，仮通常実施権が設定された特許出願が特許され，登録された場合，仮通常実施権を設定した内容の範囲内で通常実施権が設定されたものとみなされます（特34条の3第2項）．仮通常実施権は，特許庁に登録しなくても権利が発生します．ただし，仮通常実施権を設定した出願人がその出願の特許を受ける権利を譲渡した場合など，出願人が変わってしまう場合があります．このように出願人が変わった場合であっても，仮通常実施権を有していることを主張できるようにするためには，特許庁に仮通常実施権を登録する必要があります（特34条の5）．

d．補償金請求権と仮実施権　仮通常実施権者と仮専用実施権者は，特許出願人からライセンスを受けた者ですから，特許出願が特許された場合であっても，ライセンスにより設定された範囲内でその発明を実施した場合は，原則として特許権者から補償金請求権を請求されることはありません（特65条3項）．

4・4　知財DD（デューディリジェンス）

4・4・1　知財DDの概要

たとえば，投資会社が技術系の企業に投資する際や技術系企業を吸収合併する際に，さまざまな審査がなされます．そのような審査の一つとして，**知財DD**（知財デューディリジェンス）があります．近年，起業を志す研究者が増えてきていますので，知財DDにおいてどのようなことが調査され，それに対して，起業後どのように対策をしたらよいかについて，一例を説明します．

4・4・2 おもな調査条項

投資前の知財 DD の内容は, 投資の規模や投資先の状況によっても変動します. 知財 DD のおもな項目は, 以下のとおりです.

a. FTO 調査 (freedom to operate 調査)　現在製造・販売製品や製造方法だけでなく, 将来的に製造する予定の製品やその製造方法が, 他人の特許権を侵害するものかどうか調査します. せっかく投資を行って製品が販売等されるようになっても, 特許権を侵害すると販売を辞めなければならなくなったり, 損害賠償を支払う必要が生じます. 偶発債務の発生を防ぐためにも, FTO 調査は重要なのです. FTO 調査は, **侵害防止調査, 侵害予防調査, パテントクリアランス調査**などともよばれます. 調査対象は, 公開公報ではなく, 特許後の特許公報 (特許掲載公報) です. 日本特許のみならず, 主要国の成立特許を調査することもあります.

また, 問題となる他社特許が見いだされた場合については, その特許の特許権者に関する情報や, その特許に無効理由があるか否かも検討します. たとえば, 問題となる米国特許が見いだされた場合は, 米国特許弁護士の鑑定書 (opinion) を得ておくということもよく行われています.

主要製品や開発予定の技術内容については, 検索式を決めておいて, 定期的に他社特許を調査することが望ましいといえます. このように検索式を定めて定期的に他社特許を調査する調査方法を, **SDI 調査** (selected dissemination information 調査) とよびます.

b. パテントポートフォリオチェック　企業がすでに特許出願を行っている場合, それぞれどの国に出願しているか, 各出願の意義や状況はどのようなものか調査します. パテントポートフォリオとは, ある企業が所有する特許や出願全体を意味します.

それぞれの出願の意義の例は, 主要製品をカバーする基本特許, 派生特許や, 他社の牽制出願, 他社へのライセンスのための出願といったものです. このため, 企業においては, それぞれの出願の意義を明確にしておくことが望ましいといえます. 他社へ実施許諾 (ライセンス) している案件については, ライセンスの内容についても調査します.

c. 他社の侵害の状況　上記のbとも関連しますが, 他社の製品を分析し, すでに取得した特許権を他社が侵害しているかどうか検討しているかを調査します. せっかく特許権を取得しても, 他社がその特許権を侵害していないか検討していないのでは, 特許が有効に活用されているとはいえません. また, 自社の特許権

を他社が侵害していると考える場合は，その証拠を確保し，専門家と相談しておくことや，特許に無効理由がないことを改めて確認しておくことも有益です．

d．他社特許動向と企業の強み分析　パテントマップを作成するなどして，他社技術の分析を行うとともに，特許情報から見た競合他社や自社のSWOT分析を行います．他社の技術動向を分先する場合には，特許後の特許公報のみならず，公開特許公報も用いられます．

e．商標調査　せっかく投資を行っても，他人から商標権侵害であるとして警告等を受けると，会社の名称（**商号**）や商品の名前を変える必要が生じるといった事態が生じます．そこで，会社の名称や商品名について，商標権が取得されているか，また他人の商標権を侵害していないかを調査します．このため，少なくとも会社の名称や主要商品については，商標権を取得し，整理しておくことが望ましいといえます．また，せっかく商標権を取得していても，誤った指定商品や指定役務について，商標権を取得しているという場合も多々あります．また，商標権を取得した時点と，現時点では主力商品やサービスが異なることもよくあり，そのようなときは，主力商品やサービスについて，商標権を取得できていないというケースもあります．新製品や新サービスを検討する場合は，商標権の取得を検討することが望ましいといえます．また，登録商標は，3年間不使用であると取消される場合があります（商50条）．この対策として，各指定商品及び役務ごとに，登録商標を使用したことを示す証拠を残しておくことが望ましいといえます．

f．契約チェック　共同研究開発契約や実施許諾契約などを精査すると，開発を進めても成果を他社にもっていかれるという場合や，製品を販売し始めるときわめて高いロイヤルティを支払う必要がある場合，せっかく開発した技術を他社が勝手にライセンスできるようになっている場合など，事業を進めるための障害となる契約を締結している場合があります．契約書を締結する際は，弁護士に相談するなど，慎重に行う必要があるといえます．

g．職務発明規定チェック　職務発明規定が整備されていないと，研究開発の成果である発明が企業ではなく個人のものになるおそれがあります．また，相当の利益の取扱いがきちんとなされていないと，後日従業員から訴えられるリスクが高まります．このため，職務発明規定が整備されているか，職務発明が原始的に企業の帰属になるような規定や体制が整っているか，調査します．

h．営業秘密の管理体制　従業員の就業規則や，ラボノートのルールなど，営業秘密が漏えいしないように，どのような対策を行っているか調査します．

4・5 パテント・トロール

4・5・1 パテント・トロール

パテント・トロールという用語を新聞などで時折目にします．パテント・トロールは，自ら研究開発を行わず，他社から特許を買い集め，ライセンス料や和解金を得ることを目的として，その特許と関連する製品を製造販売等している企業に対して，警告書を送付したり，訴訟を提起したりする団体を意味します．このような団体は，**PAE**（**patent assertion entity**: **特許主張主体**）ともよばれます．特許権を侵害している者に対し，特許権者が警告を行い，訴訟を提起する行為自体は，合法です．ですが，パテント・トロールの行為は，産業の発達に寄与するといった特許法の法目的に必ずしも沿うものではない点が，問題とされています．特に，米国では，通常裁判費用が高額であることもあり，パテント・トロールが社会問題とされており，さまざまな対策が立てられています．

4・5・2 NPE（non-practicing entity: 非実施主体）

PAEと類似した用語に，**NPE**（**non-practicing entity**: **非実施主体**，**特許不実施主体**）があります．たとえば，大学や研究機関は，通常自らは特許を実施しないものの，特許出願を行います．この場合，大学や研究機関も，費用をかけて特許出願をするのですから，当然何らかの形で，費用を回収したいと考えます．このように，自らは特許を実施しないものの，特許により収益を図る団体をNPEとよびます．パテント・トロールもNPEの一種です．企業において活用されていない休眠特許を，他社のために活用し，休眠特許を保有している企業や，その特許を活用できる企業の双方に利益をもたらそうというNPEも存在します．日本では，2013年7月に政府系ファンドの株式会社 産業革新機構らにより設立された株式会社 IP Bridgeが，NPEの代表といえます．

4・6 オープン＆クローズ戦略

4・6・1 オープン・クローズ戦略

オープン・クローズ戦略は，さまざまな意味で用いられています．従来，オープン・クローズ戦略といえば，特許出願をするか，それともノウハウとして秘匿化するかといった出願戦略を意味していました．つまり，特許出願をすると，通常であ

れば，最初の出願から1年6カ月後に公開され（特64条），発明がオープンになります．一方，特許出願をしなければ，他社に発明の内容を知られることがなく，ノウハウが営業秘密として守られます．オープン・クローズ戦略の例は，主要製品については特許出願を行い，製品を市場から購入し分析しても他社が特許を侵害しているか否か判断がつかない発明（たとえば，工場内で実施される製造方法に関する発明）については，ノウハウとして秘匿化するといったものでした．

4・6・2 オープン＆クローズ戦略

一方，近年，**オープン＆クローズ戦略**は，上記とは異なった意味で用いられています．特許庁年次行政報告書2015によれば，オープン＆クローズ戦略とは，「企業が自社の利益の拡大のために，自社の知的財産を秘匿する，あるいは，排他的独占性を確保するなどの『クローズ』により独占状態を構築すること，自社の知的財産を『オープン』にして他社が利用できるようにすること（たとえば，技術を**標準化**して誰もが利用できるような状況とすること）を戦略的に組み合わせる戦略のこと」とされています．

また，オープン＆クローズ戦略は，「ビジネス・エコシステム構造（企業等が互いに繋がって，自社も他社も共に付加価値を増やすモデル）を前提に，独占するコア領域をクローズ領域として設定し，コア領域とパートナーとがつながる結合領域を知的財産等で保護した上で，パートナーに任せる領域であるオープン領域を公開していくことで，市場コントロールのメカニズムを構築する戦略」とも定義されています[6]．

このように，現在のオープン＆クローズ戦略に関する定義はさまざまです．いずれにせよ，オープンは，ある技術や特許を他社に使用させることを意味し，クローズはある技術を独占することを意味します．

たとえば，2015年に，トヨタ自動車が，燃料電池関連の特許を無償でライセンスすることを公表し，話題となりました．トヨタ自動車は，燃料電池に強い企業とつながりを持ち，燃料電池を普及させることで，燃料電池自動車そのものからの収益を目指したと考えられます．一方，トヨタ自動車は，燃料電池関連の特許を放棄したわけではなく，あくまで無償でライセンスする旨を表明したのです．つまり，

---

[6] オープン＆クローズ戦略時代の大学知財マネジメント検討会「大学の成長とイノベーション創出に資する大学の知的財産マネジメントのあり方について」．

トヨタ自動車は，ライセンスを受けた者の燃料電池の実施状況を把握できます．

　オープンには，特許などをライセンスすることも含まれます．近年話題となったライセンス形態の一つに **FRAND**（fair, reasonable, and non-discriminatory: 公平, 合理的, かつ非差別的）条件があります．FRAND宣言は，どの相手に対しても，公平，合理的かつ非差別的な条件で使用（実施）を許諾する用意があることを明らかにする宣言です．サムスン電子は，所有する携帯電話システム等の技術を，標準規格としてさまざまな製品に利用できるように，FRAND宣言していました．一方，アップルが販売していた携帯端末は，FRAND宣言の対象となったサムスン電子の特許を使用するものでした．2014年5月に知的財産高等裁判所は，サムスン電子がアップルを訴えた事件において，FRAND宣言された標準必須特許の権利行使に関する判断を示しました．それによれば，FRAND宣言をした特許については，ライセンス料相当額の範囲内での損害賠償請求は認められるものの，FRAND条件によるライセンスを受ける意志を有する者に対し差止請求は認められないとされました．

5 特許権侵害訴訟

5・1 特許権の発生・消滅

5・1・1 はじめに

特許権はいつ発生し,いつ消滅するのでしょうか.また,ある人が特許権者であることをどのようにして確認すればよいのでしょうか.本節では,特許権の発生・消滅などについて説明します.

5・1・2 特許権の発生

a. 設定の登録と特許権の発生 特許査定または特許審決[*1]がなされても,まだ特許権は発生しません.特許査定または特許審決の謄本が送達され,特許料を納付(特107条)するか,または特許料の納付を免除または猶予されると(特109条),その後に**特許権の設定の登録**がされます(特66条2項).設定の登録がされると,特許権が発生します(特66条1項).特許庁には**特許原簿**が備えられています.特許原簿のうち**特許登録原簿**には,特許権の設定登録,特許権の移転など権利の変動に関する事項が記載されます(特27条).そのため特許権者は,特許権侵害事件などで自らが特許権者であることを証明するために原簿の写しを提出します.また,特許原簿は誰でも閲覧や書類の謄本などを請求できるので(特186条),警告状を受領した場合など,原簿の写しを取り寄せ,相手が本当に特許権者であるか確かめることができます.

> **メモ** 特許庁のJ-PlatPatを用いれば,特許権者を無料で確認できる.

[*1] 特許審決の謄本が送達されるのは,拒絶査定不服審判(特121条1項)を請求し,請求を認める請求認容審決が出される場合である.

b．特許料の納付　特許出願人は，特許査定または特許審決の謄本が送達された日から30日以内に，原則として第1年から第3年分の特許料を一時に納付しなければなりません（特107条，特108条1項）．その期間内に納付がされない場合，原則として特許出願が却下されることとなります（特18条1項）[*2]．

c．特許掲載公報と特許証　特許権の設定の登録がなされた場合は，特許掲載公報が発行されます（特66条3項）．また，特許証が交付されます．特許証には，発明者の氏名や特許権者の氏名・名称などが掲載されます．なお，特許証を紛失等しても権利にはまったく影響がありません．

d．特許権の存続期間　特許権の存続期間（図5・1）は，特許権の設定登録日に始まり，特許出願の日から20年をもって終了します（特67条1項）．なお，医薬や農薬に関連する発明については，所定の場合に5年を限度として特許権の存続期間が延長される場合があります（特67条2項）．

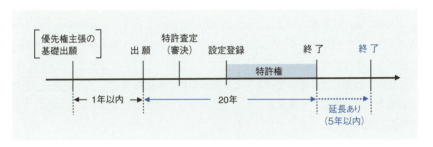

図5・1　特許権の存続期間

──── 出願日と存続期間の関係 ────
以前は「公告から15年で出願から20年を越えることはない」であったが，現在ではすべて出願から20年で計算すればよい．

e．特許権維持のための特許料　特許権の存続期間中は，特許権を維持するために特許料を納付しなければなりません（特108条2項）．この特許料は，**維持年金**ともよばれます（§2・4・3）．

[*2]　ただし，特許査定等の謄本等が送達された日から30日以内に，特許料を納付しなかった場合，運用により，"却下前通知"がなされ，その通知を受領してから特許料を納付すれば設定の登録をされるときがある．

5・1・3 特許権の移転

特許権は財産権の一種ですから,特許権を他人に有償または無償で譲渡できます.移転には,相続などの**一般承継**と,譲渡などの**特定承継**とがあります.相続などの場合は,後日届け出ればそれで足ります.一方,譲渡などの場合は,契約後に譲渡証などを添付した名義変更手続き[*3]をして,特許原簿に登録されることにより,特許権者が変わります(特98条1項1号).なお,2名以上が特許権者である場合に,自己の持分を第三者に譲渡する場合には,ほかの特許権者の同意が必要です(特73条1項).

5・1・4 特許権の消滅

特許権の存続期間が満了すると,特許権は消滅します.そのほか,維持年金の不納,放棄などによっても特許権は消滅することがあります.

5・2 特許権の効力

5・2・1 はじめに

特許権を取得した場合,どのような効力が認められるのでしょうか.また,特許権の効力は何に基づいて決定されるのでしょうか.本節では,特許権の効力について説明します.

5・2・2 特許権の効力とは

a.積極的効力と消極的効力　特許法では,特許権の効力について以下のように規定しています.

【**特許法68条本文**】　特許権者は,業として特許発明の実施をする権利を専有する.

つまり,特許権者だけが特許発明[*4]を実施できるとされています.このように特許発明の実施を独占でき,他人が特許発明を実施するのを排除できるというのが,特許権の本質的権利といえます.特許発明を独占的に実施できる効力(独占権)を,**特許権の積極的効力**とよび,他人の実施を排除できる効力(排他権)を,**特許権の**

[*3]　名義変更をするためには,特許庁に名義変更届を提出する必要がある.
[*4]　**特許発明**とは,特許を受けている発明をいう(特2条2項).

5・2 特許権の効力

消極的効力とよびます．なお，自分の特許発明を実施すると，同時に他人の先行特許発明を利用することとなる場合などは，特許権者といえども自分の特許発明を実施できません（特72条）[*5]．

なお，**業として**とは，特許権の効力が**家庭的または個人的な実施**まで及ばないことを意味します．なお，ある特許権についての特許権者が二人以上の場合，原則として各特許権者は自由に特許発明を実施できます（特73条2項）．

> **メモ** 特許権の効力範囲は，"業として"の実施に限定される（特68条本文）．確かに，大学などの研究機関における試験や研究は，営利目的の研究ではないから，特許権の効力が及ばないように読めるかもしれない．
> しかし，"業として"とは，産業とは関係のない実施以外のものを指すと解釈され，特許法における"産業"は，営利を目的とするものに限定されず，広く事業に関連のあるすべてのものが含まれると解釈されている．また，近年では，従来特許法上の"産業"に含まれないとされていた保険業や金融業に関する発明に特許も付与されている．さらに，医療業が産業に該当するか争われた事件で，裁判所は，「特許法において，その目的が，発明を奨励することによって産業の発達に寄与することとされていることからすれば，一般的にいえば，『産業』の意味を狭く解しなければならない理由は本来的にはない」とした（東京高裁平成14年4月11日判決（事件番号：同平成12年（行ケ）第65号）．
> このような解釈や裁判例を踏まえれば，大学などの研究機関における試験や研究も"業として"の実施であるとされる可能性がある．
> なお，発明の実施が，所定の試験または研究に該当する場合には，特許権の効力が及ばない．この点については§5・9を参照．

b．実施行為の独立性 特許権の効力である特許法68条本文の**実施**とは，特許法2条3項に規定する実施行為を意味します．たとえば，特許権を侵害する製品を購入しても特許権の侵害にはなりません．しかし，その特許権侵害品を業として使用すれば特許権の侵害となります．

このように，各実施行為はそれぞれ独立であり，一つの行為が適法であるからといって，ほかの行為が適法であるとは限りません．この原則を，**実施行為独立の原則**とよびます．

[*5] そのほか，専用実施権を設定した場合（特69条但書），共有者等と実施を制限する特約がある場合（特73条2項，95条），薬事法や農薬取締法など他の法律による承認などを取得する必要がある場合も，特許発明を実施できない．このように特許権者であっても，自らの特許発明を実施できないことを，**積極的効力の制限**とよぶ．

> **メモ** 発明の実施について特許法2条3項の規定は，以下のように規定する．
>
> 「3 この法律で発明について「実施」とは，次に掲げる行為をいう．
> 一 物（プログラム等を含む．以下同じ．）の発明にあっては，その物の生産，使用，譲渡等（譲渡及び貸渡しをいい，その物がプログラム等である場合には，電気通信回線を通じた提供を含む．以下同じ．）若しくは輸入又は譲渡等の申出（譲渡等のための展示を含む．以下同じ．）をする行為
> 二 方法の発明にあっては，その方法の使用をする行為
> 三 物を生産する方法の発明にあっては，前号に掲げるもののほか，その方法により生産した物の使用，譲渡等若しくは輸入又は譲渡等の申出をする行為」
>
> すなわち，発明がどのカテゴリーに属するかによって，発明の実施とされる行為が異なる．特許権は，業として特許発明を実施する権利を専有するものであるから，他人のどのような行為を特許権の侵害として抑えることができるかも，発明のカテゴリーによって変わる．

c．消尽論（用尽論） 実施行為独立の原則からすると，たとえば，ある企業が複写機を購入する行為は適法であっても，その複写機を企業内で使用する行為なども複写機の特許権を侵害しているように思えます．特許法によれば，そのとおり解釈できます．しかし，それではあまりに現実に即しません．そこで，特許権者または適法な製造権・販売権を有する者が特許品を販売した場合，その特許品を購入した者が，自らその特許品を使用し，または転売などしても，特許権は用い尽くされたとして，特許権の侵害とはなりません．このような考え方を<u>消尽論</u>または<u>用尽論</u>とよびます．

たとえば図5・2では，乙が特許権者甲から特許品を購入した時点で，特許権は消尽します．

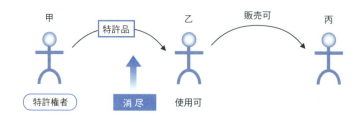

図5・2 消尽論の考え方

5・2 特許権の効力

> **コラム** カリクレイン事件
>
> [最高裁平成11年7月16日判決（事件番号：同平成10年(オ)第604号）民集53巻6号957頁]
>
> 　特許権は，特許発明の実施を専有するというものです．一方，実施行為は，発明のカテゴリーごとに特許法2条3項に規定されています（§2・1・3）．発明のうち方法の発明については，その方法を使用する行為のみが発明の実施とされており（同2号），物を生産する方法の発明については，その方法を使用し物を製造する方法のみならず，生産した物を使用，譲渡する行為なども発明の実施とされています．方法の発明と，物を製造する方法の発明とでは，"実施"の対象となる行為が大きく異なるので，発明が方法の発明か，それとも物を製造する発明かは大きな問題となることがあります．
>
> 　カリクレイン事件では，まさにこの点が争われました．この事件の対象となる特許発明は，セリンプロテアーゼであるカリクレインの生成阻害能を測定する方法に関します．後発医薬品会社が後発医薬品が薬事法上の承認を得る際に，特許権者の製剤と生物学的同等性を証明しなければなりません．特許権者は，この生物学的同等性試験の際に，後発医薬品会社が特許された方法を使用したとして，後発医薬品の製造差止，後発医薬品の廃棄などを求めて訴えました．
>
> 　高裁は，後発医薬品会社が後発医薬品を製造する過程における品質確認試験に特許発明であるカリクレインの生成阻害能を測定する方法を使用している事実を認定し，後発医薬品の製造差止，および後発医薬品の廃棄などを認めました．
>
> 　これに対して最高裁は，"発明がいずれの発明（注：物の発明，方法の発明または物を製造する方法の発明）に該当するかは，まず，願書に添付した特許請求の範囲の記載に基づいて判定すべきである"としました．その上で，本件特許発明は，カリクレインの生成阻害能を測定する方法として記載されており，明らかに方法の発明であると判断しました．
>
> 　そして，方法の発明であれば，その方法を使用すること（すなわち，カリクレインの生成阻害能を測定すること）を差止めることはできるが，その方法を組込んだ製造工程により生産されたもの（後発医薬品）の製造などを差止めることはできないとしました．
>
> 　なお，特許発明が物の製造方法に関する発明の場合であって，その製造方法により製造される物が特許出願前に公知でないときは，その物は特許された方法により製造されたと推定されます（特104条）．これを**生産方法の推定**とよびます．したがって，特許権者は，訴訟において特許方法により製造される物と対象製品とが同一のものであることを主張・立証すればよく，その物が特許された方法により製造されたことを立証する必要はありません．
>
> 　一方，生産方法の推定に対して，相手は，特許された方法とは異なる方法により物を製造したことを主張・立証することにより，そのような推定を覆すことができます．

d. 文言侵害 特許公報の"特許請求の範囲"に,"請求項"が記載されています.その"請求項"に書かれた内容が,特許権の内容です(特70条1項).一つの公報に複数の請求項が記載されていることがあります.この場合,複数の請求項それぞれに,特許権が発生します(特185条).そして,請求項を構成要件に分け,原則として対象となる製品や方法が,いずれかの請求項のすべての構成要件を満たす場合に,対象製品などが特許発明の技術的範囲に属するとされます.一方,一部の構成要件のみを満たしても,原則として,特許権の侵害とされません.これを**権利一体の原則**とよびます.

特許発明の技術的範囲は,基本的には特許請求の範囲の記載に基づいて認定します(特70条1項).そして,願書に添付した明細書の記載や図面を考慮して,特許請求の範囲に記載された用語の意義を解釈します(同法同条2項).すなわち,ある製品やある方法が特許権を侵害するかどうかは,基本的には,特許請求の範囲の記載に基づいて判断します.つまり文言侵害とは,対象製品や対象方法がある請求項の文言をすべて満たすことを意味します.

> **メモ** たとえばある特許発明の請求項1が構成要件A〜Cからなり,対象製品は構成要件A, Bを満たすが構成要件Cを満たさない場合,原則として非侵害とされる.

なお明細書には,"従来技術(背景技術)"の欄や,"発明が解決しようとする課題"の欄,"解決手段"の欄,"効果"の欄などがあります.特許権侵害訴訟においては,それら明細書の欄および図面に記載された内容をよく読んで,どのような原

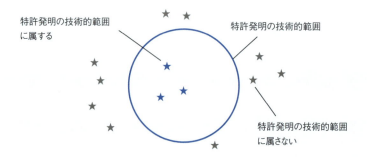

図5・3 特許発明の技術的範囲を確定することが重要

理によって，従来の問題点が解決されたのかという技術的意義を把握します．さらには，特許出願時における技術水準，当業者の認識，特許出願過程などを参酌し，その上で，**特許発明の技術的範囲を確定します**[*6]（図5・3）．たとえば，最高裁平成10年4月28日判決では，特許請求の範囲のある文言の意義を明細書の記載や出願時の当業者の認識などを参酌して解釈することが必要であるにもかかわらず，これらを参酌せずに特許発明の範囲を解釈した原審の判断を違法としました．

e．間接侵害 対象製品や対象方法が，請求項の構成要件を満たさなくても，将来的に特許権を侵害することとなる可能性が高い行為を行えば，特許権の侵害とされる場合があります．このような侵害を，**間接侵害**（特101条）とよびます．たとえば，p,p'-ジクロロジフェニルトリクロロエタン（DDT）という薬が，殺虫剤としてしか用途がなく，DDTを用いた殺虫方法について特許されていたとします．方法の発明についての実施は，その方法を使用することのみなので（特2条3項2号），殺虫方法の特許権があっても，DDTを製造する行為を直接侵害とはできません．しかし，DDTは，殺虫方法以外に現実的な用途がないため，必ず特許権を侵害する行為に用いられるはずです．このように，特許権を侵害する以外にほかに現実的な用途がない場合に間接侵害とされます（特101条1項，同3項）．

さらに，平成14年の法改正により，間接侵害とされる行為に新たな侵害類型が追加されました．すなわち，ある物が，その物の生産に用いる物であって，その発明による課題の解決に不可欠なものにつき，その発明が特許発明であること，およびその物がその発明の実施に用いられることを知りながら，業として，その物を生産等する行為なども間接侵害とされました．

f．判定制度 特許権者と競合他社との間で，ある製品やある方法が，特許発明の技術的範囲に属するか否かが議論になる場合があります．このような場合，裁判所に訴訟を提起しなくても，特許庁の見解を得ることができます．これが判定制度です（特71条1項）．判定は，特許庁審判官の公式見解ですが，鑑定のようなものであり，法的拘束力を有するものではありません．判定は行政処分ではないので，判定の結論について不服があっても不服申し立てをすることができません[*7]．した

[*6] 最高裁昭和37年12月7日判決（事件番号：同昭和36年（オ）第464号）民集16巻12号2321頁・同号2311頁．
[*7] 最高裁昭和43年4月18日判決（事件番号：同昭和42年（行ツ）第47号）民集22巻4号936頁．

がって，訴訟を提起せずに，判定によって白黒つけたい場合は，あらかじめ判定結果に拘束される旨の契約を当事者間で結んでおくことが有効です．

5・2・3 均等論とは

特許発明の技術的範囲は，特許請求の範囲の記載に基づいて定めなければなりません（特70条1項）．この規定によれば，請求項の文言を一部でも満たさないものは特許権の侵害にならないはずです．しかし，対象製品が請求項の構成のうち一部を満たさないものの，対象製品と請求項に係る発明とが，同様の解決原理に基づくものであって，実質的に同一といえる場合があります．このような場合，対象製品がすべて特許発明の技術的範囲に属さないとすると，不合理な場合があります．そこで，一定の要件を満たす場合については，対象製品などが請求項の文言を満たさなくても，特許発明と均等であるとし，特許権の効力を及ばせることとしました．この考え方を均等論とよび，均等論に基づき侵害を認めることを均等侵害とよびます．以下，均等論について解説します．

■ ボール・スプライン軸受け事件[*8] ■

平成10年に均等論に関する最高裁判例が出されました．現在，特許権侵害訴訟の多くの事件で，均等侵害の主張がされており，この最高裁判例に従って，均等侵害かどうかが判断されています．以下にその最高裁判例を引用します．

> ［均等論］　特許権侵害訴訟において，相手方が製造等をする製品又は用いる方法（以下「対象製品等」という．）が特許発明の技術的範囲に属するかどうかを判断するに当たっては，願書に添付した明細書の特許請求の範囲の記載に基づいて特許発明の技術的範囲を確定しなければならず（特許法70条1項参照），特許請求の範囲に記載された構成中に対象製品等と異なる部分が存する場合には，右対象製品等は，特許発明の技術的範囲に属するということはできない．しかし，特許請求の範囲に記載された構成中に対象製品等と異なる部分が存する場合であっても，
> 　(1) 右部分が特許発明の本質的部分ではなく，
> 　(2) 右部分を対象製品等におけるものと置き換えても，特許発明の目的を達することができ，同一の作用効果を奏するものであって，
> 　(3) 右のように置き換えることに，当該発明の属する技術の分野における通常の知識を有する者（以下「当業者」という．）が，対象製品等の製造等の時点において容易に想到することができたものであり，

[*8] 最高裁平成10年2月24日判決（事件番号：同平成6年（オ）第1083号）民集52巻1号1113頁．

(4) 対象製品等が，特許発明の特許出願時における公知技術と同一又は当業者がこれから右出願時に容易に推考できたものではなく，かつ，
(5) 対象製品等が特許発明の特許出願手続において特許請求の範囲から意識的に除外されたものに当たるなどの特段の事情もないときは，右対象製品等は，特許請求の範囲に記載された構成と均等なものとして，特許発明の技術的範囲に属するものと解するのが相当である．

前記(1)を"第1要件"などといい，(1)ないし(5)の要件を総称して"均等の要件"といいます．そして，(1)～(3)は，特許とイ号物件(係争対象物)とを比較する要件(積極的要件)であり，(4)は，イ号物件と公知技術を比較する要件(消極的要件)です．

a. 第1要件　第1要件は，相違部分が，**発明の本質的部分**（すなわち，発明の解決原理に関連する部分）でないことを意味します．たとえば，下級審の裁判例では，「特許発明の本質的部分とは，特許請求の範囲に記載された特許発明の構成のうちで，当該特許発明特有の課題解決手段を基礎づける特徴的部分，言い換えれば，当該部分が他の構成に置き換えられるならば全体として当該特許発明の技術的思想とは別個のものと評価されるような部分をいう．そして，発明が各構成要件の有機的な結合により特定の作用効果を奏するものであることに照らせば，対象製品との相違が特許発明における本質的部分に係るものであるかどうかを判断するに当たっては，特許請求の範囲の記載だけでなく，特許発明を先行技術と対比して課題の解決手段における特徴的原理を確定すべきである」（たとえば，東京地裁平成16年5月28日判決（事件番号：同平成15年（ワ）第16055号）参照）とされています．

```
[特許発明]                      [対象物件]
  A. 特殊な靴ひもと，              A. 特殊な靴ひもと，
  B. 靴本体と，                    B. 靴本体と，
  C. 天然ゴムの裏底と，            C'. 人工ゴムの裏底と，
  D. を具備する靴                  D. を具備する靴
[効 果]
  特殊な靴ひもを用いたので，
  ひもがほどけない
```

図5・4　均等論の説明事例

たとえば，図5・4に示したような特殊な靴ひもを用いた靴の特許発明があったとします．その特許発明は，「特殊な靴ひもと，その靴ひもで開閉調節される靴本体と，天然ゴムからなる靴の裏底とを具備する靴」の発明だったとします．そして，その発明は，特殊な靴ひもを用いたので，一度しっかりとひもを結べば，靴ひもがほどけにくいという効果を奏したとします．また出願時には，人工ゴムが存在しな

かったとします．一方，対象となる靴が製造された時点では，人工ゴムが広く知られており，その靴の裏底は，人工ゴムからなるものだったとします．

　この発明の本質的部分は，「特殊な靴ひも」にありますから，特許発明と対象物件との相違点は，発明の本質的部分ではありません．したがって，対象製品は第1要件を満たします．

　b．第2要件　　第2要件は，**置換可能性**ともよばれる要件です．すなわち，特許発明と対象物件などとは相違点があるわけですが，特許発明のある構成をその対象物件の相違点の構成に置き換えても，特許発明のいう作用効果を奏することができるものであることを規定しています．

　上記の例では，特許発明の天然ゴムの裏底を，対象製品の人工ゴムの裏底に置き換えても，特殊な靴ひもを用いることによる靴ひもがほどけにくいという効果を依然として発揮することができます．したがって，対象製品は第2要件を満たします．

　c．第3要件　　第3要件は，**容易想到性**ともよばれる要件です．すなわち，侵害時において，当業者であれば，特許発明の一部の構成をその対象物件の構成に置き換えることを容易に思いつくことができるという要件です．

　上記の例では，特許発明が出願された当時は，天然ゴムしかありませんでしたが，対象製品を製造する際には，人工ゴムが出まわっていました．そのような事情があれば，当業者であれば，特許発明の天然ゴムの代わりに人工ゴムを採用することを容易に思いつくと考えられます．したがって，対象製品は第3要件を満たします．

　d．第4要件　　第4要件は，対象物件などが，特許発明の出願時に公知であったものか，またはそれらから当業者が容易に推考できた程度のものであれば，対象物件と特許発明との関係を論じるまでもなく，特許権の侵害とはならないという要件です．この要件は，いわゆる**公知技術の抗弁**に近い考え方に基づくものです．すなわち出願時に公知であったか，または公知な発明から容易に考えられるような発明は，そもそも公有財産であって，特許出願しても特許されなかったはずであり，何人も自由に実施できるというのが原則です．したがって，対象物件などが特許発明の出願時に公知であったものなどであれば，特許権の侵害とはならないとされます．

　e．第5要件　　第5要件は，**包袋禁反言**など，対象物件などが特許発明の技術的範囲に属さないとされる特段の事情についての要件です．包袋禁反言とは，たとえば意見書や無効審判における答弁書などで述べた主張と，矛盾することを権利侵害の場で主張することは許されないという法理を意味します．

　たとえば上記の例で，特許出願人が，裏底が人工ゴムのものを除くような主張を

意見書などでしたのであれば，侵害訴訟の場になって，ゴムの裏底に人工ゴムの裏底を含むといった主張をすることは許されません．

5・3 特許権侵害事件

5・3・1 特許権侵害事件でのやりとり

a．警告状　第三者が特許権を侵害していても，すぐに訴訟を提起することはまれです．通常，特許権者は，その者に警告状（警告書）を送り，侵害を止めるように促すか，実施料（ロイヤルティ）を支払うことを促します．もちろん，警告状を出す前に，特許が本当に有効か，対象製品等が本当に特許発明の技術的範囲に属するか，自社製品が相手のほかの特許を侵害していないか，予想される相手側の反論とそれに対する再反論，実施料の提示額と落としどころ（最終的に合意するであろう条件）など，さまざまな事柄について検討し，戦略を立てます．

なお，相手のみならず，相手の取引先にまで相手の製品が特許権を侵害するものであることを通知等するケースも見受けられます．しかし，後に特許が無効とされたり，相手の製品が特許権を侵害しないものであることが明らかにされた場合などでは，不正競争防止法2条1項14号に規定する**虚偽事実の告知・流布行為**とされ，損害賠償を請求されることもあります．

> **コラム　サンゴ事件**
>
> この事件では，日本国内でサンゴ化石粉体を健康食品として販売していた会社が，競争関係にある他社の製品が米国の特許権に侵害する旨を，日本国内から電子メールや書簡を用いて他社の米国の取引先に告知した．この事件で，日本の裁判所は，その製品が米国の特許権を文言上侵害しないし，米国の均等論に照らして均等侵害ともいえないと判断し，告知行為を不正競争と判断した（東京地裁平成15年10月16日判決（事件番号：同平成14年（ワ）第1943号））．

b．検討　警告状を受け取った者は，警告状や特許の内容を検討します．つぎに，対象となる特許公報を入手し，その特許の審査経緯などの情報を入手します．また，場合によっては特許原簿を取り寄せます[*9]．特許公報をもとに自分の製品

[*9] 特許権侵害訴訟を提起する際には，自らが権利者であることを主張立証する必要がある．そこで，特許権侵害事件の訴状には，証拠として特許原簿の写しが提出される．

が相手の特許権を侵害するかどうかを検討します．また，特許権が有効に存続しているか，特許に無効理由があるかどうかも検討します．相手の特許が出願される前から，自分が同じ製品を作り続けていた場合は，そのことを証明する証拠を集めます．そのような証拠があれば，先使用権（特79条）があることを主張できます．その上で特許権を侵害しない，特許に無効理由がある，先使用権があるなどの回答を行います．また，事業を中止する，実施料を支払うという回答も考えられます．

> **メモ** 特許公報を入手するには，特許庁のホームページにリンクされるJ-PlatPatにアクセスすればよい．ただし，迅速に特許公報を入手したい場合は，NRIサイバーパテントデスク2などの有料サイトを利用する．
> 　審査経緯に関する情報は，上記のJ-PlatPatなどのサイトから瞬時に入手できる．ただし，実際に特許に関する変動があってから，これらのサイトに情報が入手されるまでに時間差がある．よって，特許の現状を確実に把握するためには，特許原簿を入手する必要がある（§3・2・2）．

5・3・2 訴　訟

a．交　渉　特許権を侵害する旨の警告状が送られた場合であっても，多くの場合は，数回程度交渉を行い解決します．しかし，まれに訴訟に至ることがあります．交渉をまとめる材料や，相手を威嚇する材料として，名目上訴訟を提起するケースもあります．

b．訴　訟　特許権者などは，裁判所に対し，差止請求や損害賠償請求などを求めて訴訟を提起できます．訴えを提起した者を**原告**とよび，相手を**被告**とよびます．訴訟になれば，通常1〜2カ月ごとに**期日**（裁判所に出頭する日）があり，**準備書面**を提出するなどその準備をしなければならなくなります．特許権侵害事件は，通常弁護士に**訴訟代理人**を依頼します．

c．特許無効　特許権侵害訴訟を提起された者は，特許に無効理由があるかどうかを検討し，特許庁長官に対して**特許無効審判**（§5・5）を請求でき（特123条1項），一方，裁判所に対して，特許無効を主張することもできます（特104条の3）[*10]．この場合，裁判所が，特許が無効であるかどうかを判断し，特許に無効

[*10] 特許法104条の3の規定は，平成17年4月1日から施行された．それ以前は，最高裁平成12年4月11日判決（事件番号：同平成10年（オ）第364号）民集54巻4号1368頁――いわゆるキルビー事件――により確立された**明白な無効理由**が存在する特許権に基づく権利行使は，**権利の濫用**として認められないという判例法が存在した．

理由がある場合は，特許権者側が敗訴することとなります．ただし，裁判所は，特許そのものを無効にできないので，裁判所に特許無効を主張する場合は，一般的には特許無効審判も請求します．

d. 和 解 訴訟を続けていると，途中で勝ち負けをおおよそ予測できます．たとえば，損害賠償を請求している事件では，通常，特許権侵害の有無を判断した後に，損害賠償の額を算定します．そこで，特許権者側が勝訴する場合は，裁判所が，損害額に関する訴訟指揮を行います．一方，特許権者側が敗訴する場合は，損害賠償の額を算定する証拠を調べる前に，結審する旨を当事者に伝えます．特許権侵害事件で負けたという情報は，企業経営によい影響を与えません．また多くの場合，裁判所も和解を勧めます．そこで，多くの事件では，判決に至らず和解によって終了します．

> **メモ** 裁判所のホームページによれば，平成26年および平成27年に終結した特許権侵害事件（約200件）のうち判決等にいたったものがおよそ6割であり，和解により解決したものがおよそ4割であった．また，特許権者が勝訴したものはおよそ14％であった．

5・4 民事上の救済

5・4・1 民事上の救済手段

特許権が侵害された場合の民事上の救済手段としては，以下の四つがあります．

民事上の救済手段

❶ 差止請求権 ❷ 損害賠償請求権 ❸ 不当利得返還請求権
❹ 信用回復措置請求権

---

a. 差止請求権 差止請求権は，正当な理由も正当な権原[*11]もなく特許発明を実施しているか，または実施するおそれのある相手に対し，そのような実施行為を止める（たとえば，侵害品の製造を止めさせる），または実施行為をしないように請求できる権利です（特100条1項）．差止請求権は，相手の故意・過失を問わ

[*11] たとえば，先使用権など，特許発明を実施する権利を有する者は，正当な権原を有する者といえる．

ずに請求できるので，相手が特許権の存在を知らなかったとしても請求できます．特許権者のみならず，専用実施権者も差止請求権を行使できます．また，差止請求をした場合は，さらに**侵害行為を組成した物**（製造品や製造機械等）の廃棄など侵害の予防に必要な行為をあわせて請求できます（特100条2項）．差止請求は，現在または未来の侵害行為を防止するために有効な手段です．

b．損害賠償請求権　　不法行為に基づく損害賠償請求権（民法709条）は，故意または過失により行われた違法行為について損害が生じた場合に，その損害の賠償を請求できる権利です．不法行為に基づく損害賠償請求権が発生するためには，違法性，故意または過失，および損害の発生が必要とされています．特許権という財産権を侵害する行為は違法行為です．特許権などを侵害した者は，侵害行為について過失があったものと推定（§1・3・4g）され（特103条），この推定を覆すことは通常困難です．したがって，特許権が存在することを知らなかったと主張しても，通常，損害賠償を免れることはできません．また，第三者が特許権を侵害すると，特許権者側には独占的に特許品を製造・販売できなくなることに由来する損害や，本来受けられるはずであったライセンス料などの損害が発生します．よって，特許権者は，特許権を侵害する者に対して損害賠償を請求できます．

　一方，損害賠償請求が認められるためには，侵害行為によって生じた損害の額を主張立証しなければなりません．しかしながら，侵害行為と相当因果関係にある損害の額を正確に証明することは困難です．そこで，特許法には，損害の額を算定するための規定が設けられています（特102条各項）．

　特許法102条1項は，民法709条に基づき侵害により生じた**逸失利益**（侵害行為がなければ得られたであろう利益）の損害の賠償を請求する場合の損害額の算定ルールを定める規定です．

$$\begin{bmatrix} 特許権者の \\ 単位数量当たりの利益額 \end{bmatrix} \times \begin{bmatrix} 侵害者側の \\ 譲渡数量 \end{bmatrix} - \begin{bmatrix} 特段の事情 \end{bmatrix} \cdots\cdots (\text{I})^{*12}$$

　特許法102条には，侵害者の利益の額を権利者の損害額と推定する規定もあります（特102条2項）．また，いわゆる**実施料相当額**を請求できる旨の規定もあります（同3項）．なお，権利者が実際の損害額を立証できる場合には，実施料相当額を超えて賠償請求をすることができます（同4項）．

＊12　特許法102条1項は，平成10年の特許法改正により導入された規定である．

c．**不当利得返還請求権（民法 703 条，704 条）**　不当利得返還請求権（民法 703 条，704 条）は，正当な法律上の理由なく，他人の損失によって財産的利益を受けた者に対し，自己が受けた損失を限度としてその利得の返還を請求できる権利です．不当利得返還請求権が認められるために，相手側の故意・過失は問われません．

　不法行為に基づく損害賠償請求権（民法 709 条）は，その消滅時効が 3 年であるのに対し（民法 724 条），不当利得返還請求権の時効は，一般の債権と同様に 10 年と長いので（民法 167 条），損害賠償請求ができない期間の分を不当利得返還請求により請求できます．

d．**信用回復措置請求権（106 条）**　故意・過失により，特許権者などの業務上の信用が害された場合，特許権者などはその信用を回復するのに必要な措置を裁判所に請求でき，裁判所は侵害者に対し，その旨を命じることができます．信用回復措置の例として，新聞への謝罪広告の掲載があげられます．

5・4・2　仮処分

　差止請求については，**仮処分**を申請することもできます．特許権者（申立人）が**債権者**，相手が**債務者**となります．仮処分は，基本的に**審尋**手続きにより進められ，その期日間隔は本案訴訟[*13]に比べて若干短い傾向にあります．

　仮処分決定が出された後に特許が無効にされた場合の損害賠償責任については，下記の判例があります．

> ［東京地裁平成 14 年 12 月 17 日判決（事件番号：同平成 13 年（ワ）第 22452 号）］
> 　特許権に基づく差止請求権を被保全権利とする仮処分命令について，後に当該特許を無効とする旨の審決が確定した場合においても，他に特段の事情のない限り，債権者において過失があったものと推定するのが相当である．そして，この場合に，過失の推定を覆すに足りる特段の事情の存否を判断するに当たっては，当該特許発明の内容，無効事由及びその根拠となった資料の内容等を総合考慮して検討するのが相当である．

5・4・3　刑事罰の適用

　特許権などを故意に侵害した者には，**刑事罰**が科せられる場合があります（特 196 条）．法人の代表者などが，故意に特許権などの侵害をした場合には，行為者

---

*13　本案訴訟は，本訴ともよばれる．

を罰するほか，その法人に対しても罰金刑が科されることがあります（特201条）．これを**両罰規定**とよびます．

5・5 特許無効審判

5・5・1 はじめに

特許は，審査官や審判官による審理を経てなされます．しかし，その判断に誤りがある場合もあります．誤りのある特許を無効にする制度として，**特許無効審判**があります．

5・5・2 特許無効審判制度の概要

a．いつ誰が特許無効審判を請求できるか（請求人適格） 特許無効審判（無効審判）は，特許後に，原則として，利害関係人に限り，請求できます．**利害関係人**とは，無効審判の対象となる特許に関する発明と同様の事業を行っている者や，実施権者，警告を受けた者や訴訟を提起された者など，特許権の存在によって，利益等に影響を受けるか，影響を受ける可能性がある者を意味します．

b．特許無効審判を請求するには 特許無効審判を請求するには，**審判請求書**を作成し，特許庁長官へ提出します（特131条）．特許無効審判を請求する際，特許庁に納付する金額は，1件につき4万9500円に請求項一つにつき5500円を加えた額です（特195条）．

> **メモ** 特許無効審判の代理を弁理士に依頼した場合，弁理士費用は相談によって決めることができるが，一般的には請求時に40万円以上かかり，無効審判が成功し特許が無効となった場合は，成功報酬としてさらに40万円以上かかる．

審判請求書には，審判請求人，審判事件の表示，請求の趣旨およびその理由を記載するとともに証拠（甲第○号証のように記載）を添付します．

なお，たとえば"特許○○号の請求項1及び請求項3についての特許を無効にする"といった，特定の請求項だけについて無効審判を請求することもできます．

審判事件の表示は，"特許第○×号，特許無効審判事件"といったものです．**請求の趣旨**は，たとえば"特許第○×号の請求項1及び請求項3に係る特許は，これを無効とする，審判費用は被請求人の負担とする，との審決を求める"といったも

のです．この"請求の趣旨"が変わると，無効審判の審理対象が変わります．そこで，"請求の趣旨"の要旨を変更するような補正は，認められません．"請求の趣旨"の要旨を変更するとは，たとえば，上記のケースで，無効審判の請求の趣旨に請求項2も追加するといった補正を意味します．

"その理由（**請求の理由**）"は，無効理由があるとする理由を説明するものです．新規性や進歩性がないことを理由とする場合は，通常公知文献などの証拠を用いつつ，**無効理由**を説明します．

たとえば，"請求項1に係る発明は，甲第1号証に記載の発明と同一であるから新規性がない"という場合は，請求項1に係る発明がすべて甲第1号証に開示されていることを説明します．また，"請求項3に係る発明は，甲第1号証に記載の発明に甲第2号証に記載された発明を組合わせて当業者が容易に考えつくものなので，進歩性がない"という場合は，請求項3に係る発明と，甲第1号証に記載された発明の一致点や相違点を認定し，相違点がどのような技術的意味を有しているか検討します．そのうえで，甲第2号証に，その相違点が記載されている場合は，甲第1号証と甲第2号証に記載された発明を組合わせることができるか検討し，これらを組合わせる動機付けがある場合は，請求項3に係る発明は，甲第1号証に記載された発明に，甲第2号証に記載された発明を組合わせることで，当業者が容易に発明できたものであることを主張します．

c．どのような理由があるときに特許は無効となるか　特許無効審判は，特許が以下のいずれかの事項に該当する場合に請求できます．ただし，新規性・進歩性がない，または記載不備であることを理由として請求するケースがほとんどです．

❶ 新規事項を追加する補正がされた特許（外国語書面出願・外国語特許出願は除かれる）であること（特123条1項1号）．

❷ 外国人の権利の享有（特25条），新規性・進歩性または拡大先願などの特許要件（特29条・29条の2），不特許事由（特32条），共同出願（特38条），先願（特39条）のいずれかの規定に違反してされた特許であること（特123条1項2号）．

❸ 条約に違反してされた特許であること（特123条1項3号）．

❹ 明細書中の"発明の詳細な説明（特36条4項1号）"，"特許請求の範囲（特36条6項）"の記載要件を満たしていない記載不備のある出願にされた特許であること（特123条1項4号）．なお，発明の単一性を満たさないことは，無効理由ではありません．

❺ 外国語書面出願・外国語特許出願の場合で，出願に係る願書に添付した明細書・特許請求の範囲・図面（翻訳文）に記載された事項が外国語書面（原文）に記載した事項の範囲内にない出願にされた特許であること（特123条1項5号）．

❻ 特許を受ける権利を有していない者に与えられた特許であること（特123条1項6号）．

❼ 特許がされた後，特許権者が特許権を享有することができなくなった場合，またはその特許が条約に違反することとなった場合（いわゆる"後発的無効理由"）（特123条1項7号）．

❽ 願書に添付した明細書・特許請求の範囲・図面について，訂正審判または特許無効審判においてした訂正が，不適法なものである場合（特123条1項8号）．

d．特許無効審判はだれが審理をするのか 特許無効審判は，3人または5人の審判官による**合議体**が審理します．合議体のうちの1名は，**審判長**として特許庁長官から指名されます．

特許無効審判が請求されると，審判長は，審判請求書が方式要件を満たしているか審理し，違反している場合には，補正を命じます（特133条1項）．この補正に審判請求人が応じない場合は，その請求書は却下されます（同3項）．

e．特許無効審判は，どのように進むのか 特許無効審判は，原則として**口頭審理**により審理が進行します（特145条1項，2項）．"口頭審理"といっても，話し合いだけで審理が進むわけではありません．審判請求人が審判請求書を提出し，被請求人（特許権者）が**答弁書**を提出した上で，特許庁の**審判廷**にてそれらの書面に即した議論をします．

審判官は，当事者が申立てない理由についても審理できます．たとえば，審判請求書に"審判請求人は甲第1号証に基づいて請求項1に係る発明は新規性がない"と記載される場合でも，審判官は，"請求項1に係る発明は甲第1号証と別の文献に記載された発明に基づいて進歩性がない"ことを理由に特許を無効にできます．

ただし，審判官は無効審判が請求されていない特許を勝手に無効にできません．たとえば，"請求の趣旨"が"特許○×号の請求項1及び請求項3に係る特許を無効とするとの審決を求める"であった場合，審判官が特許○×号の請求項2も無効だと判断したとしても，この請求項2に関する特許を無効にはできません．

f．訂正請求 特許無効審判により特許が無効にされることを避けるため，特許権者は訂正請求をして特許請求の範囲を狭めるなどの対応をとることができます．訂正請求により訂正できる範囲は，訂正審判（§5・6）により訂正できる範囲

と同様です．

g. 無効審判の終結　特許無効審判の請求が認められ，**請求認容審決**が出された場合は，原則として特許権は，はじめから存在しなかったものとみなされます（特125条）．一方，特許無効審判の請求が認められず，特許が維持される場合は，**請求棄却審決**が出され，特許権が維持されます．これらの審決の謄本は，当事者および参加人などに送達されます（特157条3項）．無効審判の審決に不服がある当事者または参加人などは，謄本の送達の日から30日以内に，審決を取消すための訴え（審決等取消訴訟）を提起できます（特178条3項）．この訴えを提起しない場合には審決が確定します．審決が確定した場合，いわゆる**一事不再理の原則**により，何人も同一事実および同一証拠に基づいて特許無効審判を請求できません（特167条）．

5・5・3　延長登録無効審判

なお，特許権の存続期間延長登録出願に対し誤って延長登録が認められた場合には，延長登録無効審判（特125条の2）を請求し，延長登録を無効とすることができます．

5・6　訂正審判

5・6・1　はじめに

訂正審判とは，特許権の設定登録後に明細書，特許請求の範囲または図面（以下，"明細書等"という）の記載を訂正することを求める審判です（特126条）．特許前の補正に対応するものです．

5・6・2　訂正審判の内容

a．訂正審判の請求　訂正審判を請求できるのは，特許権者のみです（特126条1項）．特許権者が複数いる場合は，全員で審判を請求しなければなりません（特132条3項）．また，許諾による通常実施権者など（特35条，77条，78条）がいる場合や，質権者がいる場合は，それらの者の承諾を得る必要があります（特127条）．訂正が認められると特許権の内容が変わるので，訂正審判はこれらの者の利害と重大な関係があるからです．

b. 訂正の対象　訂正の対象は，願書に添付された明細書等であり（特 126 条 1 項），願書に添付した明細書等に記載した事項の範囲内で訂正できます（特 126 条 4 項）[*14]．訂正は，

❶ 特許請求の範囲の減縮
❷ 誤記または誤訳の訂正
❸ 明瞭でない記載の釈明
❹ 請求項の引用関係の解消

を目的とするものに限定されます（特 126 条 1 項各号）．ここで"特許請求の範囲の減縮"とは，請求項の削除，上位概念から下位概念への変更（構成要件の限定）など特許請求の範囲を狭めることをいいます．また訂正は，特許請求の範囲を実質的に変更し，または拡張するものであってはなりません（特 126 条 6 項）．すなわち，訂正前に特許発明の技術的範囲に属さなかったものを，訂正によって特許発明の技術的範囲に含める訂正はできません．

> **メモ 訂正審判のポイント**　特許登録後は，補正ではなく，訂正審判（異議や無効審判係属中は訂正請求）により，特許請求の範囲などを修正できる．訂正の場合は，特許権の範囲を狭くすることしかできない．

さらに特許請求の範囲の減縮および誤記または誤訳の訂正の場合は，訂正後における特許請求の範囲に記載されている事項により特定される発明が，特許を受けられるものであること（いわゆる**独立特許要件**）が必要となります（特 126 条 7 項）[*15]．

訂正審判は，特許権の設定登録後であれば，原則としていつでも請求できます（特 126 条 2 項）．ただし，特許異議申立や特許無効審判（特 123 条）が特許庁に係属したときからその決定や審決が確定するまでの間は，訂正審判を請求できません（特 126 条 2 項）．特許異議申立や特許無効審判の審理中には訂正請求が認められるからです．

[*14] 誤記や誤訳の訂正を目的とする場合は，願書に最初に添付した明細書等（外国語書面出願にあっては外国語書面，国際特許出願にあっては国際出願日における明細書等）に記載した事項の範囲内で訂正できる（特 126 条 4 項括弧書）．

[*15] 特許請求の範囲を減縮などしても，減縮後の発明が新規性を有しないなど特許を受けることができない場合は，そのような訂正は認められない．

5・6・3 訂正認容審決確定の効果

訂正が認められ確定すると，訂正後の明細書等で出願し，出願公開され，特許されたものとみなされます（特128条）．

5・7 先使用権など

5・7・1 はじめに

特許権侵害事件において，被告側からの主張であって，それが認められれば権利侵害とされない**抗弁**がいくつかあります．その代表的なものが，**先使用**の抗弁です．

5・7・2 先使用による通常実施権

a．先使用権の概略　図5・5は，先使用権を説明するための概略図です．図5・5に示されるとおり，甲は，他人（乙）が発明Aを含む特許出願（出願X）をする前から，発明aを実施していたとします．乙が発明aを含む特許権Xを取得した場合，特許法68条本文によれば，特許発明を実施できるのは特許権者のみですから，甲は発明aを実施できないことになります．とはいえ，甲は出願Xが出願される前から発明aを実施しており，その甲が発明aを実施できなくなるのは公平に反します．甲が，発明aを実施できないとすれば，発明aを実施するための設備が荒廃することになり，国民経済上好ましくありません．そこで，甲が発明aを実施し続けられるよう，一定の場合は，先使用による通常実施権（いわゆる先使用権）が認められるのです．（特79条）．

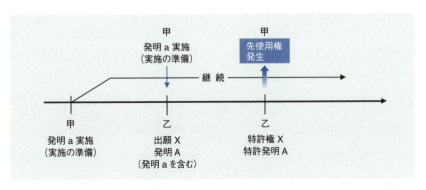

図5・5　先使用権の考え方

b. 先使用権の成立要件について　先使用が認められるためには，"特許出願に係る発明の内容を知らないで自らその発明をし，または特許出願に係る発明の内容を知らないで発明をした者から知得したこと"が必要です．つまり，特許出願前の発明者から，出願予定の発明 a を聞いて，発明 a を実施した場合などは，先使用権が認められません．

また，"特許出願の際現に日本国内においてその発明の実施である事業またはその事業の準備をしていること"が必要です．先使用権とよばれますが，特許出願前ではなく，特許出願の際（また優先日）に発明を実施しているか，その準備をしていなければなりません．"事業の準備"をしていたと認められるためには，事業の準備ができ次第，発明を実施する意図があり，そのような意図を客観的に証明できる証拠が必要です[*16]．乙の特許権が発生すると同時に，甲に先使用権が発生します．なお，甲は乙に実施料を支払う必要はありません．先使用権は通常実施権の一種ですが，他人に譲渡できません．

なお，通常，先使用が問題となるのは，発明 A を実施し始めてからかなりの年月を経た後です．先使用を立証するために，どのような方法で，どのような製品を製造していたか記録を残すことが重要になります．

c. 先使用権の範囲について　先使用権者である甲は，乙の特許出願の際に"実施または準備をしている発明および事業の目的の範囲内"で，発明 A を実施できます（特 79 条）．

図 5・6 は，特許発明 A の技術的範囲と，発明 a の範囲を示す概念図です．つまり，甲は発明 a を実施できますが，特許発明 A の全範囲で実施できるわけではありません．ただし，"発明の範囲"内において実施することができるので，出願当時実施していた発明と同一性を失わない範囲内であれば，実施形式を変更して実施することができると解されています[*17]．そして，"事業目的の範囲"としているのは，先使用権者は実施していた事業の目的を引き続き遂行できれば足りるからで

[*16] 最高裁昭和 61 年 10 月 3 日判決（事件番号：同昭和 61 年（オ）第 454 号）民集 40 巻 6 号 1068 頁"ウォーキングビーム式加熱炉事件"では，"事業の準備"につき，"即時実施の意図を有しており，かつ，その即時実施の意図が客観的に認識される態様，程度において表明されていることを意味すると解する"とした．

[*17] 前掲最高裁昭和 61 年 10 月 3 日判決"ウォーキングビーム式加熱炉事件"は，"発明の範囲"について，"特許出願の際（優先権主張日）に先使用権者が現に実施又は準備をしていた実施形式だけではなく，これに具現された発明と同一性を失わない範囲内において変更した実施形式にも及ぶものと解する"とする．

す．ただし，事業目的の範囲内である限り，実施規模を拡大することは差し支えありません．たとえば，カセイソーダの製造業の範囲で発明を実施していた場合は，カセイソーダ製造業の範囲内で通常実施権を有することになり，カセイソーダの製造設備を製鉄事業に使用することはできません．

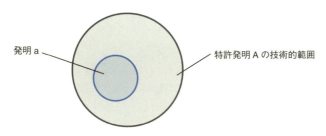

図5・6　特許発明Aの技術的範囲と先使用権が認められる発明aの範囲

5・8　補償金請求権

5・8・1　はじめに

ある発明を特許出願すると，出願公開などによりその発明が公開されます．発明が公開されれば，第三者がその発明を知ることとなります．特許後であれば，特許権によりその発明が保護されますが，特許前は保護されないのでしょうか．実は，出願公開後，一定要件を満たせば，補償金請求権が発生し（特65条），これにより保護されるのです．

5・8・2　補償金請求権とは

補償金請求権は，出願公開された発明を実施する第三者に対して，特許後に，特許前の実施に対し実施料相当額（ライセンス料）の支払いを請求できる権利です（特65条1項）．

a．補償金請求権の発生　補償金請求権を行使するためには，特許出願が出願公開され，相手が，その発明を実施したことが必要です．また，特許出願に係る発明の内容を記載した書面を，発明を実施する相手に対して提示した警告をすることが必要です（特65条1項）．ただし，相手方がその公開された発明を"知っていた場合"には警告は不要です（特65条1項）．

b.補償金請求権の行使　補償金請求権を行使できるのは，特許後に限られます．特許にならなければ，補償金請求権を行使できません．補償金請求権の対象となる実施行為は，警告後であって特許権の設定登録前に限られ，この実施行為に対し実施料相当額の補償金請求権が認められます（図5・7）．特許権と補償金請求権とは別の権利ですから，補償金請求権を請求したとしても，特許後の実施に対しては，差止請求権や損害賠償請求権などを行使できます．

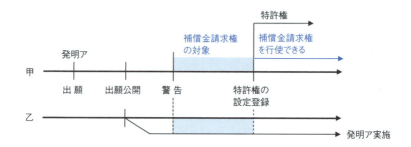

図5・7　補償金請求権の対象となる期間と補償金請求権を行使できる（補償金を請求できる）期間

5・9　試験または研究のための実施

5・9・1　はじめに

特許発明を実施しても，それが"試験または研究のための実施"であれば，特許権の侵害とはならない．この考えは従来から知られており，だからこそ大学や研究機関などは"特許"を意識せずに研究を進めてきました．

しかしながら，近年，米国のデューク大学が，デューク大学を退職した教授により特許権侵害であるとして訴えられる事件が起きました[18]．この教授は，デューク大学のレーザー研究所長でもあり，自らの特許発明であるレーザー装置をデューク大学の研究室に置いていました．この教授が退職した後も，デューク大学はこのレーザー装置を使っていたのです．訴訟においてデューク大学は，自らは非営利機

---

[18] *Madey v. Duke Univ.*, 307 F. 3d 1351 (Fed. Cir. 2002)

関であり，レーザー装置を用いることは"試験的使用の例外"に当たるなどと主張しました．この事件は，米国の最高裁まで争われましたが，大学側の敗訴で終わりました．

また，日本でも浜松医科大学が米国バイオベンチャーに特許権侵害として訴えられる事件も起きました．このような背景の中，多くの研究者は，本当に試験研究のためであれば特許発明を実施しても問題ないのだろうかという疑問を抱くようになりました．

そこで，本節では，どのような行為であれば特許法69条1項に規定される"試験研究のための実施"とされるのかについて説明します．

> **メモ** 大学が特許権の侵害として訴えられた事件に，「がん転移モデルマウス事件」がある．この事件では，米国バイオベンチャー（AntiCancer社）が，腫瘍組織塊を移植した動物に関する特許をもっていた．浜松医科大学は，このマウスを用いて実験を行っていた．大学側は，マウスを用いた実験は"試験または研究のための実施"であって，特許権の効力が及ばないなどと主張した．この事件では，浜松医科大学の用いたマウスが，特許権の技術的範囲に属さない（すなわち特許権を侵害しない）とされ，大学における実施が"試験または研究のための実施"といえるのかについては判断されなかった．この事件は，日本の大学が特許権を侵害するとして訴えられた事件として，注目を浴びた例である（東京地裁平成13年12月20日判決（事件番号：同平成11年（ワ）第15238号））．

5・9・2 特許法上の規定

特許法69条1項の規定には，特許権の効力が及ばない範囲（すなわち，実施しても特許権の侵害とされない行為）について，以下のように規定しています．

> 【特許法69条1項】 特許権の効力は，試験又は研究のためにする特許発明の実施には，及ばない．

すなわち，特許発明を実施しても，それが"試験または研究のため"であれば，特許権の侵害とはされないのです．よって，試験または研究のために発明を実施するのであれば，特許権者にロイヤルティなどを払う必要もないのです．では，どのような行為であれば，"試験または研究のため"といえるのでしょうか．

5・9・3 試験または研究のための実施とは*19

a. 従来からの考え方　日本では，特許発明それ自体を対象とし，かつ"技術の進歩"を目的とする"試験・研究"については，特許権の効力が及ばないと考えられてきました．この考え方は，今後も踏襲されます．

b. 技術の進歩を目的とする試験研究　特許発明それ自体の試験研究であって，技術の進歩を目的とする試験研究は，"改良・発展を目的とする試験"，"機能性調査"，および"特許性調査"の3種類が含まれるとされています．

❶ 改良・発展を目的とする試験

改良・発展を目的とする試験とは，特許された発明を進歩させ，よりよいものへと改良または発展させることを目的とする試験・研究を意味します．このように，特許発明を改良・発展する試験・研究自体は，特許権の侵害とされません．しかし，改良・発展した発明が，もとの特許発明を利用することとなる場合，その改良・発展した発明を業として実施する場合は，その特許発明を利用することになるので，特許権者の許諾などが必要となります．

❷ 機能性調査

機能性調査とは，特許発明が実施可能なものであり，明細書に記載された効果があるものか，また特許発明の副作用などを調査するための試験・研究を意味します．

❸ 特許性調査

特許性調査とは，特許発明の進歩性の有無などを調査するための試験を意味します．たとえば，特許無効審判を請求する場合に，特許発明が公知発明に比べて顕著な効果を奏しないことを**実験成績証明書**などで証明することがあり，そのために特許発明を実施して特許発明の効果を確かめる試験を行うことがあげられます．

c. 特許発明をツールとして使用する試験・研究　たとえば，"スクリーニング方法"などの**リサーチツール特許**がある場合，そのスクリーニング方法そのものの研究であれば，上記の特許発明それ自体の試験研究とされる可能性があります．一方，そのスクリーニング方法をツールとして用いて研究を行う場合は，特許法69条1項の試験研究のための実施とされない可能性が高いとされています．

d. 市場性調査　特許権者以外の者が，特許品が市場で売れるかどうかなどを判断するために，特許発明を実施し，試験的に特許品を市場に提供すること（い

---

*19　経済産業省・特許庁「特許発明の円滑な使用に係る諸問題について」報告書——特許権の効力が及ばない「試験・研究」の考え方（平成16年11月17日）.

わゆる市場性調査）は，技術の進歩にかかわりのない試験なので，特許法69条1項の適用がない（すなわち，特許権の侵害とされうる）と考えられます．

5・9・4 消　尽

特許品を特許権者や，実施権者から購入し，その特許品を用いて試験・研究をする場合は，特許権は消尽したものと考えられます（§5・2・2c）．よって，実験装置などを正当権利者から購入して試験・研究を続ける場合，通常は，特許権の存在におびえる必要はありません．

5・9・5 そ の 他

特許法69条には，単に日本国内を通過する船舶，航空機，これらに使用する機械など（同2項1号），特許出願前から日本国内にある物（同2項2号），所定の処方行為により調剤する行為および調剤される医薬（同3項）には，特許権の効力が及ばないとされています．

外国出願

6・1 パリルート

6・1・1 はじめに

　日本で特許権を取得しても，その効力は日本国内にしか及びません（**属地主義**または**領土主権**という）．したがって，日本国外で特許権を取得していなければ，外国では誰でもその発明を実施できることとなります．自らの発明を外国で保護するためには，それぞれの国で特許権を取得しなければなりません．

　外国で特許権を取得するためには，各国が要求する方式に従って権利化を図る必要があります．その際には，海外の代理人に出願を依頼するので，国内出願に比べて高額な費用がかかります．そこで，費用対効果を考えて，外国出願をする国を決める必要があります．外国出願をする方法には，

❶ 特許権を取得したい国に直接出願する方法
❷ パリ条約の優先権を主張してその外国に出願する方法（パリルート）
❸ 特許協力条約に基づく国際特許出願をする方法（PCT ルート）

の3通りがあります．一般的には，上記の❷または❸の方法により外国出願します．

―――――― 外国出願の方法 ――――――
❶ 直接出願　❷ パリルート　❸ PCT ルート

6・1・2 パリ条約

　以下では，まずパリルートについて説明しますが，その前にパリ条約を理解しておく必要があります．パリ条約とは，特許など工業所有権（現在の産業財産権）の保護を目的として 1883 年にパリで締結された条約です．条約は，国家間の合意で

すから，条約の内容は各同盟国が遵守しなければなりません．パリ条約は，属地主義を前提として，**内国民待遇の原則**，**優先権制度**および**各国工業所有権の独立の原則**を三大原則とします．

パリ条約の三大原則
❶ 内国民待遇の原則　❷ 優先権制度　❸ 各国工業所有権の独立の原則

"内国民待遇"とは，特許権などの保護に関して，ほかの同盟国民を自国民と差別することなく平等に扱うこと（**内外人平等**）を意味します（パリ2条，パリ3条）．この原則があるので，たとえば日本人にだけ高額な出願料を要求するといった制度をもつ同盟国はありません．"各国工業所有権の独立の原則"とは，ある同盟国に出願した同盟国民の特許などは，他国での出願や特許などから独立したものとする原則を意味します（パリ4条の2(1)など）．たとえば，ある国の特許が無効となった場合に，パテントファミリーのような別の同盟国の対応する特許を自動的に無効とするような制度は許されません．

> **メモ** ある出願の優先権主張出願や，それらの分割出願，継続出願などを併せて**パテントファミリー**とよぶ．たとえば医薬などは，一つの出願に基づいて，多くの国へ向けて出願するので，パテントファミリーには，多くの特許出願や特許が含まれることとなる．パテントファミリーのうち，他の国の特許出願や特許のことを，**対応外国特許**や**対応外国出願**などとよぶ．たとえば，ある日本の特許出願に基づく優先権を主張した米国特許出願がある場合，その米国特許出願を**対応米国出願**などとよぶ．

6・1・3　パリルートの概要

パリルートとは，日本の出願に基づく優先権を主張して1年以内（意匠・商標は6カ月以内）に翻訳文を準備し，外国に出願する方法です．外国出願をする場合には，翻訳文を用意し，各国ごとの方式に従って出願する必要があります．しかし，その国の言語や方式に詳しいのはその国の国民なので，このままでは内外人平等が達成されません．そこで，内外人平等を実体面から担保するために優先権制度が導入されました．優先権を主張した場合は，新規性などの判断時期が，外国出願の時点ではなく，原則として同盟第一国（日本）の出願時とされます．特許権の存続期間は，外国出願のときから計算されます．

> **メモ** 海外で権利化を図るためには,海外の代理人に出願を依頼する必要がある.海外の代理人のことを実務では**現地代理人**とよぶ.現地代理人は,タイムチャージ制(作業に要した時間に応じて費用を請求する制度)を採用する者が多い.

6・1・4 優先権主張出願できる種類

優先権は,特許出願,実用新案登録出願,意匠登録出願および商標登録出願について認められます.特許出願に基づいて実用新案登録出願をすることや,その逆もできます.米国など,実用新案制度がない国もあります.しかし,たとえば日本の実用新案登録出願に基づく優先権を主張して米国へ特許出願をすることができます(パリ4条E(2)).

一方,商標登録出願に基づく優先権を主張できるのは,商標登録出願に限られます.なお,パリ条約で"商標"といえば,日本の"商品商標"を意味します.いわゆるサービスマーク(役務商標)の登録出願に基づく優先権は,パリ条約に規定されていません.そのため,サービスマークの登録出願に基づく優先権の主張を認めるかどうかは,各国の自由とされています.

6・1・5 優先期間

特許出願または実用新案登録出願に基づく優先権を主張して外国出願する場合,最初の出願から12カ月以内であれば,ほかの同盟国へ特許出願や実用新案登録出願することができます(パリ4条C).このように優先権を保有しつつほかの同盟国へ出願できる期間を,"優先期間"とよびます.なお,意匠登録出願,または商標登録出願に基づいて外国に出願をする場合,優先期間は6カ月です(パリ4条C(1)).

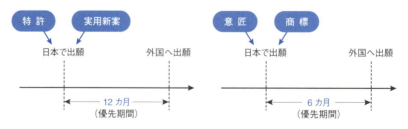

図6・1 外国で優先権を主張できる期間

6・1・6 優先権主張の効果

優先権主張の効果は，日本の出願から外国出願までの間に行われた行為によって不利な取扱いを受けず，その間になされた行為により第三者にいかなる権利をも発生させないとされています（パリ4条B）．すなわち，日本の出願に基づく優先権を主張して外国に出願した場合，新規性などの登録要件の判断時は，原則として日本の出願時となります．また，日本の出願時から，外国出願時までの間に第三者が発明を実施したとしても，その第三者には先使用権などが発生しません．"その間になされた行為により第三者にいかなる権利をも発生させない"からです．

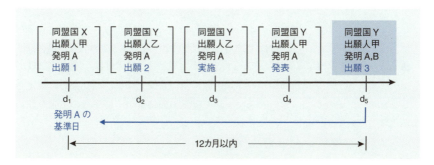

図6・2　優先権の効果

図6・2のケースでは，d_1に甲が同盟国Xで発明Aについて出願1を出願し，d_2に同盟国Yで乙が発明Aについて出願2を出願し，d_3に乙が同盟国Yで発明Aを実施し始め，d_4に甲が同盟国Yで発明Aを発表し，d_5に甲が同盟国Yで発明Aおよび発明Bについて出願1に基づく優先権を主張した出願3をしています．

この場合，出願3の優先日はd_1となります．そして，出願3に係る発明のうち，発明Aについては，出願1で最初に開示された発明なので新規性や進歩性などの判断日はd_1となります．よって，d_2に乙により出願2がされていますが，原則として，出願3は出願2の後願として拒絶などされません（ただし，米国では異なる扱いがなされる場合がある）．また，乙はd_3から発明Aを実施し続けていたとしても，d_1において発明Aの実施の準備をしていなければ先使用権が認められません．さらに，d_4に発明Aが発表されていますが，発明Aの新規性などの判断日はd_1ですから，d_4の発表により発明Aの新規性や進歩性は否定されません．

ただし,出願3に係る発明のうち,発明Bの新規性などの判断日は,d_5です.したがって,発明Bが発明Aからみて進歩性のない発明である場合は,d_4に発表された発明Aに基づいて進歩性が否定されます.優先権主張出願は,最初の出願から1年の猶予期間があるため,最初の出願にさまざまな発明を追加することが行われています.ただし,優先期間中に発明を発表などすると,その追加された発明については,拒絶などされる場合があることに注意する必要があります.

> **メモ** 優先権の利益を享受するためには,優先権主張出願(図6・2の「出願3」,以下同様)に係る発明(発明Aまたは発明B)が,基礎出願(出願1)の出願書類のどこかに開示されていなければならない.この開示されるかどうかについて,日本の審査基準では原則として新規事項の例によって判断するとされる.すなわち,発明Aを出願1の特許請求の範囲に記載の発明とする補正をすることが許される場合は,原則として優先権の利益を享受でき,そのような補正が許されない場合は優先権の利益を享受できないとするものである(詳細は,廣瀬隆行,'優先権制度における発明の同一性について',パテント,58巻7号参照).

6・1・7 複数優先・部分優先

上記の優先期間内であれば,複数の出願に基づく優先権を主張して特許出願をすることができます(パリ4条F).また,第1国出願の内容に,さらに内容を追加して第2国へ出願することもできます(同).ただし,この場合,その外国出願の際に新たに加わった発明については,優先権の利益を享受できません.

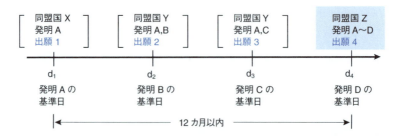

図6・3 複数優先と部分優先

図6・3のケースでは，同一の出願人によりd_1に同盟国Xで発明Aについて出願1がなされ，d_2に同盟国Yで発明AおよびBについて出願1に基づく優先権を主張した出願2がなされ，d_3に同盟国Yで発明AおよびCについて出願1および出願2に基づく優先権を主張した出願3がなされ，d_4に同盟国Zで発明A〜Dについて出願1〜出願3に基づく優先権を主張した出願4がなされています．

この場合，出願4の優先日はd_1となります．そして，出願4に係る発明のうち，発明Aについては，出願1で最初に開示された発明ですから新規性や進歩性などの判断日はd_1となります．同様に，発明Bと発明Cの新規性などの判断日は，それぞれd_2およびd_3となります．一方，発明Dは，出願4で初めて開示された発明ですから，その新規性などの判断日はd_4となります．このように，複数の出願に基づく優先権のことを**複数優先**（または**複合優先**）とよびます．また，出願4のように一部分にのみ優先権の利益を享受できることを**部分優先**とよびます．

6・1・8　優先権主張手続き

優先権は，優先権の利益を得ようとする同盟国において主張しなければ認められません．たとえば，日本で優先権の利益を得ようとする場合，特許出願の際に願書にその旨などを記載しなければならず（特43条1項，同3項，特施規23条1項，様式26），これを怠ると優先権の利益を享受できなくなります．ただし，米国のように出願後に優先権の主張を請求できる国もあります．

優先権主張出願がされた同盟国は，いわゆる**優先権証明書**（優先権の基礎出願の出願書類の謄本であって，通常基礎出願された国の特許庁が認証したもの）を提出するように出願人に要求することができます．日本では，原則として，優先日から1年4カ月以内に優先権証明書を提出する必要があります（特43条2項，同5項）．この手続きを怠ると優先権の利益を享受できなくなります（同4項）．

6・1・9　国内優先権主張出願とパリ条約

特許法に定められた国内優先権主張出願（§2・7）を行えば，日本の特許出願または実用新案登録出願に基づく優先権を主張して，日本に特許出願または実用新案登録出願をすることができます（特41条）．この場合は，パリ条約とはまったく関係なく，純粋に日本の特許法に従います．"条約"とは，国家間の合意なので，日本の出願に基づいて日本に出願した場合は，純粋に日本の問題となり，条約が入り込む余地はないのです．

6・2 特許協力条約 (PCT)

6・2・1 はじめに

特許協力条約 (patent cooperation treaty, PCT) によれば，日本語で一度に全世界に特許出願したかのような出願（国際出願という）をすることができます．また，PCT はパリ条約 19 条に規定するパリ条約の**特別取極**なので，パリ条約に規定される優先権制度が採用されます．それゆえ，一度日本に国内出願（またはPCT 出願）をして，その出願に基づく優先権を主張して，日本の出願から 1 年以内に日本の特許庁に日本語で国際出願することにより，PCT の全締約国に優先権を主張した出願したかのように扱われます．

> **メモ** パリ条約 ⟶ 同盟国　　PCT ⟶ 締約国

6・2・2 特許協力条約 (PCT) に基づく国際出願の概要

PCT は，特許出願人と各国特許庁の重複労力を排除するために締結された条約です．たとえば，出願された国ごとに先行文献調査を行うことは，重複した作業といえます．また，特許出願人も，各国ごとに特許庁とのやりとりを行うのは，わずらわしいことです．PCT では，一つの手続きで，すべての締約国において手続きを行ったように機能する国際段階を経て，出願人が希望する国へ移行していきます（図 6・4）．

図 6・4　国際出願の概要

国際段階（図 6・5）では，一括して先行文献調査を行い，国際公開されます．一方，出願人には明細書などを補正する機会が与えられ，全締約国において補正したように機能します．その後，出願人が特許権を取得したい締約国のみへ移行し，国内段階に入ります．最終的に特許されるかどうかは，各国の特許庁が判断することになります．

図6・5 国際段階の概要

> **メモ** 台湾などPCTに加盟していない国については，国際出願を利用して特許を取得できない．したがって，台湾を含めて特許権を取得するためには，国際出願と併せて台湾などに出願する必要がある．

6・2・3 国際出願をするには

　国際出願をするには，国際出願の方式に基づいた出願書類を作成し，**受理官庁**である日本国特許庁に提出します．国際出願の方式は，通常の特許出願の方式と異なっています（法令集の様式集を参照）．国際出願は，日本語または英語で行うことができます．国際出願がなされると，受理官庁である日本国特許庁が，国際出願の方式的な内容を点検し，国際出願日を認定します．国際出願日が認められた国際出願は，各締約国の国内出願として扱われます．この意味で，国際出願は**国内出願の束**ともよばれます．

　国際出願は，国際出願の際に権利化する国を指定します．法改正により，現在では，国際出願は，原則としてすべての締約国を指定すること（いわゆる**全指定**）となります．ただし，日本にした出願に基づく優先権を主張して，全指定のまま国際出願すると，優先権の基礎となった出願が取下げられてしまいます．これは，国際出願が国内優先権主張出願（§2・7）と判断されるからです．この場合，優先権の基礎となった出願が取下げられてしまっても，国際出願を改めて日本に移行することで，特許化を目指すことができます．もっとも，国際出願を日本にも移行する場合は，改めて費用が発生します．これを避けるためには，国際出願の際に，指定国から日本を外す手続をします．そうすると，日本については，優先権の基礎となった出願に基づいて，特許化を目指し，日本以外の締約国については，国際出願に基づいて特許化を目指すこととなります．

6・2・4 国際調査制度と19条補正

　a．国際調査　　国際調査は，国際出願についての先行文献調査を，管轄国際調査機関としての日本国特許庁（英語で国際出願された場合は，ヨーロッパ特許庁ま

たは日本国特許庁）が行うものです．国際調査の結果である**国際調査報告**は，**サーチレポート**とよばれ，原則として優先日から9カ月または国際出願から3カ月程度のいずれか遅い時期までに作成されます（§3・1・6）．サーチレポートは，先行文献のリストとともに，新規性や進歩性（非自明性）についての検討結果も記載されます[*1]．なお，国際調査は，優先権を主張した国際出願であっても国際出願日を基準として作成されます．

国際調査機関は，サーチレポートの作成と同時に，"国際調査機関による特許性に関する見解"（国際調査見解書）を作成します（PCT規則43の2）．そして，出願人が国際予備審査を請求しない場合，国際事務局（スイスのジュネーブにある）は，国際調査見解書を，"**特許性に関する国際予備報告（IPRP）**"という名称の報告書に作り変えます．

b．19条補正　サーチレポートを受け取った後，出願人は，"特許請求の範囲のみ"を一度に限り補正できます．この補正はPCTの第19条に規定されているので，**19条補正**とよばれます．パリルートで外国出願をした場合は，各国ごとに先行文献が調査され，それぞれの国の方式に従って，それぞれの国の言語で補正しなければなりません．これに対して，19条補正の場合は，日本語で特許請求の範囲を補正でき，サーチレポートに記載された先行文献との差異を一度に出すことができます．なお，国際予備審査をする場合は，19条補正をしなくとも，34条補正（§6・2・6）をする機会があります．

c．発明の単一性を満たさない場合　国際出願が発明の単一性の要件を満たさない場合，管轄国際調査機関である日本国特許庁は，出願人に対して追加手数料の支払いを求めます（PCT17条(3)(a)）．これに対して，出願人が発明の単一性を満たすと考えた場合や，発明の数が認定されたより少ないと考える場合は，追加手数料を支払った上で異議を申し立て，追加手数料の返還を求めることができます．なお，追加手数料が支払われない場合は，主発明についてのみ調査が行われます．

6・2・5　国際公開

国際出願は，原則として最初の出願日（優先日）から18カ月経過後に，**国際事務局**によって公開されます（PCT21条(1),(2)(a)）．国際出願が，日本語，英語，

[*1]　米国特許法では，日本の特許法の進歩性に相当する概念を**非自明性**とよぶ（米国特許法103条）．

フランス語，ドイツ語，中国語，スペイン語またはロシア語（**国際公開の言語**）でなされた場合には，その言語で公開されます．一方，要約やサーチレポートなどは英語で公開されます（PCT規則48.3(c)）．国際出願が，上記以外の言語でなされ，国際公開の言語による翻訳文が提出された場合には，その翻訳文の言語で公開されます（PCT規則48.3(b)）．この国際公開公報は，世界知的所有権機関（WIPO）のほか，ヨーロッパ特許庁（EPO）のウェブサイトなどで入手できます．

6・2・6 国際予備審査制度と34条補正

a. 国際予備審査 国際調査は，国際出願をすれば自動的に行われます．一方，国際予備審査は任意の手続きです．国際予備審査を請求する場合は，サーチレポートが出願人に送付されてから3カ月，または優先日から22カ月のいずれか遅い日までに請求します．国際予備審査を請求する場合，**答弁書**を提出することが一般に行われています．この"答弁書"は，国際調査見解書に対する出願人の反論のようなものです．国際予備審査が請求された場合，国際予備審査機関である日本の審査官は，請求の範囲に記載した発明が，産業上の利用可能性があるか，新規性があるか，進歩性（非自明性）があるかについて，予備的かつ拘束力のない見解を示す国際予備報告を作成します．国際予備審査は，優先権の有効性も含めて判断します．**国際予備報告**は，通常優先日から28カ月経過する前に作成されます（PCT規則69.2）．

b. 34条補正 国際予備報告が出される前に，国際予備審査機関の書面による見解が，出願人に示される場合があります（PCT34条(2)(c)）．これに対し出願人は，国際予備審査機関である日本の審査官と連絡をとることができます．この連絡は，もちろん日本語で行うことができ，電話やファクシミリのみならず，直接面接することもできます．このように，出願人と国際予備審査機関との間でやりとりがなされた後に国際予備報告が作成されます．この点で，国際調査見解書の場合と異なります．なお，答弁書や34条補正を伴わずに国際予備審査を請求した場合，出願人と国際予備審査機関との間でやりとりがなされないまま短期間のうちに国際予備報告が作成されるケースもあります．

> **メモ** 国際予備審査機関である特許庁審査官と面接すると，出願に係る発明や先行文献の技術説明をすることができ，審査官の理解を促すことができる．特許庁の審査官は，このような面接を好意的に行ってくれる場合が多い．

そして，国際予備報告が作成される前に，請求の範囲，明細書，または図面を補正することができます．この補正は，PCTの第34条に規定されているので，**34条補正**とよばれます．すなわち，**見解書**に基づき審査官と話し合い，その結果を踏まえて請求の範囲などを日本語により補正できるのです．そして，補正後の内容で国際予備報告が作成されるので，適切に対応すれば，国際出願のすべての請求項を，産業上の利用可能性，新規性，および進歩性（非自明性）のすべてを満たすように補正することもできます．こうなれば，各国の国内段階に移行したあと各国で比較的容易に特許権を得ることができます．

c．発明の単一性　国際予備審査の段階でも，発明の単一性がないと判断された場合，追加手数料を支払うことにより主発明以外も審査をしてもらうことができます．また不服があれば，追加手数料を支払った上で，異議を申し立てることもできます．

6・2・7　国内段階への移行手続き

国際段階での統一的な手続きのあとは，各国で権利化を図る手続きが残っています．すなわち，権利化をしようとする国において，国内手数料を支払い，翻訳文を提出するなど（PCT 22条(1)，39条(1)），必要な手続き（**国内移行手続き**）をしなければなりません．一方，特許権を取得する必要がない国については，移行手続きをしなければよいのです．これにより，権利化を望まない国において，費用が発生する事態を防止できます．

> **メモ** 各国の国内段階へ移行すれば，現地代理人費用，翻訳費用，各国の特許庁へ支払う費用などが発生する．国内段階へ移行する前にサーチレポートなどが得られているので，それらを参考にして，特許される可能性を判断し，移行するかどうか，移行するとすればどの国へ移行するかなどを判断する．

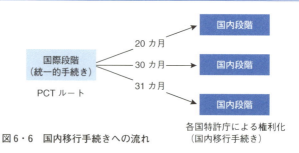

図6・6　国内移行手続きへの流れ

この国内移行の期間は，優先日（優先権を主張する出願では最初の出願日）から20 カ月，30 カ月，および 31 カ月の国があります．したがって，それぞれの国の移行期限の前に移行手続きを行う必要があります．主要国の移行期間は，30 カ月（米国，日本など）または 31 カ月（EPO など）です（図 6・6）．

国内移行後，各国（または領域）において，特許性が判断されることになります．

> **メモ** PCT 締約国の特許法の概要を理解するためや，各国の国内移行手続きを理解するためには，世界的所有権機関（WIPO）ホームページの **"The PCT Applicant's Guide"** が大変便利である．このページには各国の比較的最新の情報が記載されおり，実務でもよく使う．

6・3 米国出願

6・3・1 はじめに

日本からの外国出願のうち最も多いのは，米国への特許出願です．米国特許法は，日本の特許法とは異なる点が多いので，米国で権利化を図るためには，注意しなければならない事項が多数あります．そこで以下では，留意点を中心に米国特許法の概要や米国での特許出願の概要について説明します．

6・3・2 米国出願するにあたって

米国出願するためには，前節までに述べた三つのルートをとることができます．すなわち，米国へ直接出願するルートと，パリルート，および国際出願（PCT）ルートです．外国出願について直接その国へ出願するケースはまれですが，米国には**仮出願**できる制度があるので，米国へ仮出願するケースも多々あります．

> **メモ** 優先権を主張して米国に特許出願する場合は，翻訳文の準備に基礎出願から1 年しか猶予がない．しかし，米国出願の際に，基礎出願と異なる発明や記載を追加できる．この場合，新たに追加された発明については優先権の利益を享受できないが，基礎出願が米国特許法の要求する要件を満たしており，かつ優先権の基礎出願に開示された発明については優先権の利益を享受できる．よって，ある程度の意訳が認められる．一方，国際出願を米国に移行する場合は，国際出願の内容にほかの記載を追加することは許されない．したがって，翻訳文が逐語訳のようになる．米国出願に，内容を追加したい場合は，一部継続出願などをする必要がある．

日本では一般的に"特許事務所"の弁理士が出願を代理します．一方，米国では特許事務所は少なく，法律事務所（law firm）の特許弁護士が出願の代理をします．日本の特許事務所を介さずに，米国の特許弁護士などに直接出願や特許庁とのやりとりを依頼することもできます．ただし，現地代理人とのやりとりは基本的には英語で行わなければならず，また内容も専門的なので，日本の特許事務所に仲介を依頼するケースが多いです．

> **メモ** 米国では，弁護士試験（bar exam.）と，特許代理人（patent agent）試験に合格するなどして，両方の資格を登録した者を，特許弁護士（patent attorney）とよぶ．

米国の**現地代理人**は，一般的には，基本料金に加えて，**タイムチャージ**（作業時間に応じて費用を請求する制度）にて費用を請求します．そのタイムチャージの額は，一般的には1時間当たり200〜1000ドル程度です．仕事とは関係のない質問をした場合であっても，費用を請求されることは多々あります．したがって，米国の法律事務所に仕事を依頼するときは，予算と，どういった作業をいつまでにして欲しいかについて明確に伝える必要があります．

> **メモ** 翻訳文の作成にかかる費用は，1英単語当たり55円程度(旧弁理士会標準額)．日本の代理人の管理費用（現地代理人とのやりとりにかかる費用）や，現地代理人の費用，米国特許庁への出願料などを考えると，米国出願の際には，一般に100万円程度かかることが多い．

日本語を読むことのできる現地代理人は少ないので，通常は日本で翻訳文を用意して，現地代理人に出願を依頼します．翻訳文がよくないと，後日の拒絶理由通知（office action）への対処に，費用がかかるだけでなく，特許を得られない事態も生じます．

6・3・3　米国特許出願の概略

a．米国特許に関する手続きの概要　米国に特許出願をした場合，どのような手続きを経て特許されるのでしょうか．図6・7は，米国特許に関する手続きの概要を説明した図です．以下では，図6・7に従ってその概略について説明します．

❶ 出 願

米国出願は，英語のみならず日本語で行うこともできます．ただし，日本語で出願した場合は，後日英語による正確な翻訳文を提出しなければなりません．よって，日本語出願に基づく優先権を主張して米国に特許出願をする場合でも，通常は英語による出願書類を準備します．

米国出願の際，**宣言書（デクラレーション：declaration）**，**委任状（power of attorney）**および**譲渡証（assignment）**にサインをし，**米国特許商標庁（USPTO）**に提出します．デクラレーションは，自らが発明者であることを宣誓すると共に，明細書の最終原稿に目を通したことなどを誓う書類です．委任状は，特許弁護士などに出願のやりとりを委任したことを証明する書類です．譲渡証は，特許を受ける権利を出願人に譲渡したことを証明する書類です．出願人は，これらの書類（サイン書類）を，出願の後に提出することもできますが，その場合は費用がかかります．

米国特許法には，出願審査請求制度がありません．したがって，米国出願をすれば，自動的に特許性に関する審査が始まります．

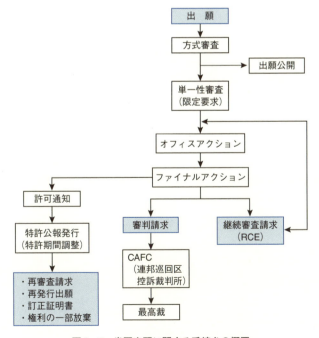

図6・7 米国出願に関する手続きの概要

なお，米国には，実用新案法はありませんので，米国に実用新案登録出願をすることはできません．

> **メモ** 米国特許出願の請求の範囲の記載上の留意点として，"マルチのマルチは許されない"，つまり，「請求項1又は請求項2に記載の～」や「請求項1～請求項3のいずれかに記載の～」のように複数の請求項を引用する請求項を**マルチクレーム**とよぶが，米国では，マルチクレームに基づくマルチクレームは認められない．また，米国では独立クレーム三つまで，請求項の数20個までは請求項加算料金が要求されないが，マルチクレームについては，引用する請求項の数の分だけ請求項があるものとしてカウントされる．

❷ 方式審査

方式審査では，出願に必要な書類がそろっているかなどを審査します．そして，書類が不足している場合，不足書類の提出を促します（notice of missing parts）．

> **メモ** 米国では，故意でなく手続き期間を過ぎた場合，特別料金を払うことで救済措置があることが多い．したがって，不注意により期限を過ぎた場合は，諦めずに，救済措置があるかどうか，現地代理人に問い合わせるとよい．

❸ 発明の単一性審査

審査官は，特許請求の範囲に記載された発明が，発明の単一性（一つの出願に含めることのできる範囲）を満たすかどうかを審査します．そして，発明の単一性を満たさない場合，**限定要求**を出します．限定要求は，複数の請求項をいくつかのグループに分けて，いずれか一つを選ぶことを求めるものです．出願人は，この限定要求に対していずれかのグループを選択します．その上で，選択しなかったグループに含まれる発明を**分割出願**することができ，発明の単一性を満たすと反論することもできます．

費用を考慮して数件の日本特許出願を1件にまとめて米国に特許出願するケースが多々みられます．しかし，発明の単一性は，日本よりも米国の方が一般的に狭いので，無理に数件の出願をまとめて米国出願すると，かえって多くの費用がかかる場合もあります．

❹ オフィスアクション（O.A.：office action）

日本における拒絶理由通知に相当するのが，**オフィスアクション（庁指令）**です．このオフィスアクションには，新規性・進歩性・記載要件違反など実体的な拒絶に

関するリジェクション(rejection)と，方式的な拒絶に関するオブジェクション(objection)とがあります．

オフィスアクションに対しては，応答書を提出でき，さらに補正書を提出することにより明細書や特許請求の範囲を修正できます．これは，日本の拒絶理由通知に対する対応と同様です．これらによっても，拒絶理由が解消されない場合，**ファイナルアクション**(最終指令)が出されます．このファイナルアクションに対しても，応答書を提出でき，さらに所定の条件を満たせば，補正書を提出できます．ただし，この対応によっても拒絶される場合，出願人は，継続審査請求，継続的な出願，または審判請求のいずれかを選択しなければなりません．

> **メモ** 米国では，進歩性の代わりに"非自明性"(発明の構成を採用することが困難かどうか)が採用されることに注意(米国特許法 103 条)．

❺ 出願公開

出願された明細書などは，優先日から 18 カ月経過後に公開されます．以前米国では特許されるまで，出願内容が公開されませんでしたが，1999 年の法改正により出願公開制度が導入されました．ただし，米国のみに特許出願され，かつ非公開の申請がなされた出願などは公開されません．

❻ 継続審査請求(RCE: request for continued examination)

継続審査請求(RCE)は，特許性に関する新たな反論を伴って，再度審査を要求するものです．RCE は，新たな出願をするものではなく，ファイナルアクションを受けた出願について，さらに特許性について審査を要求するものです．RCE は，1995 年 6 月 8 日以降の出願について利用できます．

b．継続的な出願 米国特許法では，いくつかの継続的な出願が認められています．継続的な出願は，基本的には基礎となる米国出願に基づいて，新たな特許出願をするものです．以下では，その継続的な出願のおもなものについて説明します．

❶ 継続出願(continuation application)

出願が最終拒絶された場合に，継続出願(米国特許法 120 条)が利用されます．親出願も特許庁に係属します．継続出願は，日本の分割出願のような出願です．

❷ 一部継続(CIP)出願(continuation-in-part application)

新規事項を追加した出願をしたい場合に一部継続出願(米国特許法 120 条)を行います．追加した発明の新規性などの判断日は，一部継続出願の出願日とされます．

基礎出願が審査または審判に係属していれば，原則として一部継続出願をすることができます．なお，一部継続出願をするためには，基礎出願が112条第1パラグラフに規定する開示要件を満たしていなければなりません（規則1.53(b)）．

❸ 分割出願（divisional application）

親出願に複数の発明が含まれている場合，分割出願（米国特許法121条）により発明の単一性を満たさない部分について新たな出願とすることができます．基礎出願が審査または審判に継続していれば，原則として分割出願をすることができます．分割出願をしても，親出願は特許庁に係属します．また，許可通知後であっても分割出願することができます．

c．特許後の手続き　米国では特許後にもさまざまな手続きをすることができます．以下では，特許後にすることができるおもな手続きについて説明します．

❶ 再発行出願（reissue application）

特許された請求項が狭すぎた場合，誤記がある場合，優先権主張を回復したい場合などは，再発行出願により対処できることがあります．ただし，請求項の範囲を広げる再発行出願は，特許公報発行から2年以内にしなければなりません．なお，日本の特許法では，特許後に特許請求の範囲を拡張する訂正は基本的には認められません．

❷ 再審査請求（reexamination request）

特許文献などが発見され，特許性に疑問が生じた場合に再審査請求を請求できます．

❸ 権利の一部放棄（ディスクレーマー：disclaimer）

権利の一部放棄により，権利期間の一部を放棄することや，特定の請求項を放棄することができます．

❹ 訂正証明書

特許証に誤記があった場合，訂正証明書により修正できます．

6・3・4　米国出願の留意事項

a．仮出願（provisional application）　米国の仮出願制度は，日本の国内優先権主張出願制度に似ています．すなわち，米国にした仮出願に基づく優先権を主張して1年以内に通常の米国特許出願をした場合，米国特許出願に係る発明のうち仮出願に開示された発明については，新規性などの判断日が仮出願のときとされ，特許権の存続期間は米国特許出願のときを基準に判断されます．ただし，仮出願は，特許請求の範囲を記載する必要がありません．

> **メモ** 通常の米国特許出願のことを，仮出願と区別して"non-provisional application"ともよぶ．

仮出願は，英語のみならず日本語でも行うことができ，翻訳文を提出する必要がありません．さらに仮出願は，デクラレーションや以下に述べる IDS が不要です．仮出願に基づく優先権を主張して，日本などへ特許出願をすることができます．一方，優先権の主張を伴った仮出願をすることはできません．仮出願といえども，後述する明細書の"開示要件"を満たさなければ優先権の利益を享受できないので[*2]，ある程度きちんと記載した出願をすることが望ましいといえます．

b．IDS（information disclosure statement）　出願に関与する者は，発明の特許性に重要な情報を米国特許商標庁へ開示する義務があります．この制度は"IDS（情報開示陳述書）"制度とよばれます．"出願に関与する者"には，発明者のみならず，知財担当者や弁理士も含まれます．この義務は，出願時のみならず出願が米国特許商標庁に係属している間続きます．この義務を怠ると，**不公正行為**（inequitable conduct）により取得された特許権として，権利行使できなくなる場合があります．

発明者の関連論文，出願の際に調査した先行文献，国際出願のサーチレポートで X や Y と記載された文献，対応出願（日本出願など）の拒絶理由通知やその引用文献などは，IDS として提出する必要があります．

c．開示要件　米国出願をする場合，注意しなければならないものの一つに"開示要件"があります（112 条第 1 パラグラフ）．すなわち，明細書は**記述要件**，**実施可能要件**，およびベストモードの三つの要件を満たすことが要求されます．日本出願に基づく優先権を主張して米国に出願する場合，米国出願のみならず，日本出願もこれらの要件を満たしていなければ優先権が認められません[*3]．

❶ 記述要件（description requirement）

記述要件は，請求項に記載された発明が，明細書中に発明として開示されていなければならないという要件です．この記述要件は，出願時に発明者が，請求項に記

[*2] *New Railhead Manufacturing v. Vermeer Manufacturing Co.*, 298 F.3d 1290, 1293 (Fed. Cir. 2002).

[*3] 日本出願に基づく優先権を主張して米国に特許出願をし，日本出願が米国の開示要件を満たさなかったとして優先権の利益を享受できなかった事件として，カワイ事件（*Yasuko Kawai v. Metlesics*, 480 F.2d 880, 885-886 (CCPA 1973)) がある．

載された発明の主題を，完全に把握したことを明らかにするものです．この記述要件は，請求項を補正した場合などにおいて特に問題とされます．たとえば，請求の範囲を狭めた場合，その狭めた発明が出願の際に開示されていたといえるかどうかなどが問題とされます．

❷ 実施可能要件（enablement requierment）

実施可能要件は，いわゆる当業者が，請求項に記載された発明を実施できる程度に明細書に発明が開示されることを要求するものです．当業者にとって**過度の実験**（undue experimentation）を要求する場合，実施可能要件は満たされません．なお，実施可能要件を満たすために，仮想実施例を記載することがあります．この場合は，仮想実施例を現在形で書く必要があります．

❸ ベストモード（best mode）

ベストモードは，明細書に発明者が最良と考えた発明の実施態様を記載することを要求するものです．このベストモードは，審査段階で問題となることはほとんどありません．しかし，訴訟などの段階で，ベストモードを開示していなかったことが明らかとなり，不公正行為に基づいて得られた特許権として権利行使ができなくなるケースがあります．

d．AAPA（出願人が認めた公知技術）

米国には，AAPA（applicant's admitted prior art: 出願人が認めた公知技術）という概念があります．たとえば，明細書の背景技術の欄において，従来技術として社内の技術を記載した場合，特に先行文献をあげるまでもなく，その社内技術が，公知技術として取扱われ，新規性や進歩性（非自明性）を否定する根拠となります．日本ではそのような扱いはありません．米国出願をする可能性がある特許出願の背景技術の欄には，公知でない技術を記載しないように留意する必要があります．

e．新規性喪失の例外

米国では日本国特許法30条のような新規性喪失の例外規定がありません．しかし，学会発表などにより新規性を喪失した後，1年以内（グレースピリオド）に米国出願をすれば，特許を受けることができる場合があります（米国特許法102条（b））．

したがって，学会発表をした発明について日本および米国で特許を取得する場合は，1）所定の団体における学会発表から6カ月以内に，新規性喪失の例外を主張した日本への特許出願をし，2）学会発表から1年以内に，日本への特許出願に基づく優先権を主張して米国に出願すれば，米国で特許される可能性が残ることとなります．米国出願の際に，新規性喪失の例外手続きは必要ありません．

6・4 ヨーロッパ特許条約（EPC）

6・4・1 はじめに

　ヨーロッパ諸国で特許を取得する場合，各国に直接特許出願をすることもできますが，**ヨーロッパ特許条約（european patent convention, EPC）** を利用してヨーロッパ特許を取得したのちに，各国で特許権を取得するルートもあります．

　日本の出願人が最も用いるルートは，日本にした特許出願に基づく優先権を主張してPCTにより国際出願をし，EPC段階に移行し（俗に，**Euro-PCT出願**とよばれる），ヨーロッパ特許を取得し，特許権を取得したい国へさらに移行するというルートです．以下では，このルートの概要について説明します．

> **メモ　EPC締約国**: オーストリア（AT），アイルランド（IE），ベルギー（BE），イタリア（IT），スイス（CH），リヒテンシュタイン（LI），ドイツ（DE），ルクセンブルク（LU），デンマーク（DK），オランダ（NL），スペイン（ES），モナコ（MC），フィンランド（FI），ポルトガル（PT），フランス（FR），スウェーデン（SE），イギリス（GB），キプロス（CY），ギリシャ（GR），ブルガリア（BG），チェコ（CZ），ルーマニア（RO），エストニア（EE），スロベニア（SI），スロバキア（SK），ハンガリー（HU），トルコ（TR），ポーランド（PL），ノルウェー（NO），アイスランド（IS），アルバニア（AL），クロアチア（HR），マルタ（MT），マケドニア（MK），サンマリノ（SM），ラトビア（LV），リトアニア（LT）
> 　**拡張国**: ボスニア・ヘルツェゴビナ（BA），セルビア（RS），モンテネグロ（ME）
> ヨーロッパ諸国の中には，EPC経由では特許出願できない国もある．

6・4・2　EPCへの移行

　PCTからEPCへの移行期限は，<u>優先日から31カ月</u>です．EPCへの移行の際に，英語，フランス語，またはドイツ語による翻訳文を提出します．通常，国際出願は米国へ移行するでしょうから，米国用に準備した英文の翻訳文を利用して移行手続きを行います．欧州特許出願は，原則として，方法の独立請求項一つと物の独立請求項一つしか特許請求の範囲に含めることができません．また，請求項16以降は通常1請求項あたり追加料金がかかり，請求項50以降はさらに高額な追加料金がかかります．また，欧州特許出願は，独立請求項についていわゆる**2パート形式**で記載することを要求される場合があります．2パート形式とは，従来技術を前提部分（プリアンブル）に記載し，従来技術にない部分を特徴部分に記載する形式です．

日本の出願でも，請求項が，「… において，… を特徴とする …」のように書かれる場合があるのは，この2パート形式の影響だと考えられます．このような方式に修正するため，欧州移行時には，特許請求の範囲を補正することがあります．EPCへ移行する際に，拡張国を指定するか判断し，不要な場合は拡張国については指定しなくても構いません．

6・4・3　EPCでの手続き

EPCでは，ヨーロッパ特許を付与するための実体審査がなされます．欧州特許出願は，日本の特許出願と異なり，特許される前でも毎年更新料が必要です．特許される時期が遅くなるとそれなりの費用が発生します．ですから，早めに実体審査を請求するか，早期審査を請求すると更新料を軽減できる可能性があります．

拒絶理由がある場合は，オフィシャルコミュニケーションが出され，それに対して出願人は，補正，応答，分割出願などにより対処できます．特許されることとなった場合，許可通知がなされます．特許出願人は，その許可通知から通常4カ月以内に，特許請求の範囲のフランス語およびドイツ語の翻訳文を提出するとともに所定の料金を納付します．出願人は上記の期間中に許可された特許請求の範囲の記載を補正することもできます．このようにしてヨーロッパ特許が付与されます．

6・4・4　各国で特許権を取得する

各国で特許権を取得するためには，ヨーロッパ特許に基づいて各国へ移行する必要があります．特許権を取得しようとする国が要求する言語による明細書等の翻訳文を提出しなければなりません．この各国向けの翻訳文を提出する期間は，特許付与日から少なくとも3カ月以上与えられています．

知的財産権法

7・1 実用新案法：早く権利を得られる実用新案

7・1・1 はじめに

特許法と同様に，技術的思想の創作を保護する法律として，実用新案法があります．なお，実用新案法の保護対象を**考案**とよびます[*1]．考案は，特許法でいう発明に相当します．ただし，方法や化学物質などは，特許法では保護されても実用新案法では保護されません．実用新案登録出願は，特許出願に比べて，1～3年分の登録料も支払うため出願時に若干費用がかかりますが，権利化までの費用は安く済みます．きわめて早期に実施され，ライフサイクルの短い商品を適切に保護するためには，実用新案登録出願は有効と考えられます．なお，実用新案権の存続期間は，出願から10年です（実15条）．

短期間で得られる実用新案権ですが，侵害に対しては，特許権と同様に差止請求権や損害賠償請求権などが認められます．

> **メモ** 実用新案権は，新規性などを審査せずに権利化される（実14条の2）．そこで，**"評価書"（実用新案技術評価書）**を請求し，評価書を提示した警告をした後でなければ差止請求権などを行使できない（実29条の2）．また，警告や訴訟を提起した後に，実用新案登録が無効とされた場合などでは，原則として損害賠償責任を負う（実29条の3）．これが，実用新案登録出願が利用されなくなった最大の理由である．

[*1] 実用新案法2条1項の規定に"考案"が定義されている．また，考案が実用新案法の保護対象である点は，実用新案法1条に規定されている．

実用新案登録出願は，出願から3年以内であれば特許出願に変更できます（特46条）．さらに実用新案権の設定登録後であっても，出願から3年以内であれば，原則として登録実用新案に基づいて特許出願することができます（特46条の2）．

7・1・2　実用新案法の保護対象

はじめに述べたとおり，実用新案法の保護対象は考案です．**考案**は，"自然法則を利用した技術的思想の創作をいう"とされています（実2条1項）．ただし，実用新案権を得るためには，考案がさらに"物品の形状，構造または組合わせに係るもの"でなければならないとされています（実3条1項1柱書，実6条の2第1号）．したがって，方法に関する考案や，化学物質，医薬など材料そのものに関するものは，登録されません[*2]．

── 実用新案の保護対象 ──
自然法則を利用した技術的思想の創作（考案）であり，かつ物品の形状，構造または組合わせに係るもの

7・1・3　出願から登録までの流れ

a．実用新案登録出願から登録までの概要　図7・1に出願から登録までの流れを示します．考案が完成し，実用新案登録出願がされると，**基礎的要件**（§7・1・3d参照）や**方式的要件**の審査が行われます（実2条の2第4項，実6条の2）．特許出願と異なり，出願審査請求は不要です．基礎的要件を審査するといっても，新規性などは審査されません．したがって，たとえば新規性のない考案を出願しても，拒絶されずに登録されます．拒絶されないので，意見書を提出することもありません．

b．出願時の手続き　実用新案登録出願は，願書に実用新案登録請求の範囲（以下，請求の範囲），明細書，図面，および要約書を添付し，特許庁長官に提出することにより行います（実5条）．特許出願と異なり，出願時に図面が必要です．また，出願時には**出願料**（1万4000円）と3年分の**登録料**（表7・1）とをあわせた2万円強を，特許庁に支払います（実32条，実54条）．

[*2]　なお，ドイツの実用新案法では，方法以外の考案が保護される．よって，化学物質や医薬も保護される．日本の実用新案の"物品の形状，構造または組合わせに係るもの"という要件がないほうが，審査も容易になり，実用新案の利用も図れると思われるが，現行法では物品の形状，構造または組合わせに係るもの以外は登録されない．

7・1 実用新案法：早く権利を得られる実用新案

特許出願の場合は，出願時の費用の1万4000円で済むので，出願時に特許庁へ支払う額は，実用新案登録出願のほうが特許出願よりも若干高くなります．

表7・1 実用新案に関する登録料
平成17年4月1日以降の出願

	基本部分	請求項加算額
1～3年の各年	2100円	100円
4～6年の各年	6100円	300円
7～10年の各年	1万8100円	900円

一方，特許出願では，権利化するために出願審査請求をする必要があるので，権利化までにかかる費用は，逆に実用新案登録出願のほうが安く済みます．

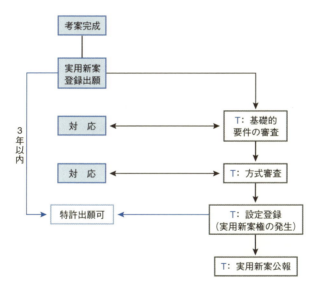

Tは特許庁側の行為を表す．
図7・1 実用新案が登録されるまでの大まかな流れ

―――― 実用新案登録出願に必要な書類等 ――――
出願時　❶ 願書　❷ 明細書　❸ 実用新案登録請求の範囲
　　　　❹ 図面　❺ 要約書　❻ 出願料　❼ 登録料（1～3年分）

c. 出願係属中　実用新案登録出願が特許庁に係属している間，出願人は，実用新案登録出願を取下げることや，放棄することもできます．

原則として出願日から政令で定める期間内（1カ月）であれば，明細書，実用新案登録請求の範囲，図面および要約書を補正できます（実2条の2第1項但書）．ただし，この期間を経過した後であっても，特許庁長官より基礎的要件違反または方式要件違反による補正命令が出された場合には，指定された期間内に補正できます（実6条の2，実2条の2第3項）．また，上記の補正できる期間であれば，分割出願をすることもできます（実11条で準用する特許法44条）[*3]．

```
────── 実用新案登録出願の補正・分割可能な期間 ──────
 原則：出願から1カ月以内
 例外：1）基礎的要件違反による補正命令の応答期間
    2）方式要件違反による補正命令の応答期間
```

実用新案登録出願が特許庁に係属している場合，出願から1年以内であれば，いわゆる国内優先権主張出願を行うこともでき（実8条，特41条），出願から3年以内であれば，特許出願へ出願変更をすることができます（特46条1項）．

d. 基礎的要件の審査　実用新案登録出願は，**基礎的要件**を審査されます（実6条の2）．すなわち，"請求項に記載されたものが，物品の形状，構造または組合わせに係る考案であるか"[*4]，"請求項に記載されたものが，公の秩序，善良の風俗などに反しないか"，"請求の範囲は規則に従って記載されているか"，"考案の単一性を満たしているか"，および"請求の範囲，明細書および図面が書類の体をなしているか"について審査されます．たとえば，願書に図面が添付されていない場合は，基礎的要件違反とされます．

これらに違反する場合は，特許庁長官により補正命令が出されます（実6条の2）．これに対し，出願人は，出願から1カ月を過ぎている場合であっても，請求の範囲，明細書または図面を補正できます．補正命令に応じない場合は，その出願が却下されます（実2条の3）．

[*3] 特許法の規定を準用する場合，"**準特44条**"のように表記する．
[*4] 条文で"出願に係る考案"と規定されていれば，それは請求の範囲に記載された考案を意味する．

e. 方式審査 基礎的要件を満たす出願について，特許出願と同様に**方式審査**が行われます．方式要件を満たさない出願については，補正命令が出され（実2条の2第4項），これに応じなければ出願が却下されます（実2条の3）．

f. 早期登録制度 実用新案法では，"早期登録制度"が採用されており，"実用新案登録出願が放棄され，取下げられ，または却下された場合を除き，実用新案権の設定の登録をする"とされています（実14条2項）．よって，基礎的要件や方式要件を満たす出願は，新規性などの要件を満たさなくても設定登録され，実用新案権が発生することになります．

g. 実用新案公報 従来の"実用新案公報"には，明細書が掲載されませんでした．しかし，平成16年改正後の実用新案公報には，特許公報と同様に，請求の範囲，明細書および図面などが掲載されることになりました（実14条3項）．

h. 実用新案権の存続期間 実用新案権の存続期間は，出願から10年で終了します（実15条）．特許法では，医薬，農薬に関して存続期間の延長制度があります．しかし，はじめに述べたように医薬，農薬は実用新案登録されないので，実用新案法には存続期間の延長制度がありません．

7・1・4 登録後

a. 実用新案登録に基づく特許出願 図7・2に示されるように実用新案権の設定登録前のみならず，設定登録後であっても，出願から3年以内であれば，原則として実用新案登録に基づいて特許出願できます（特46条，同46条の2第1項）．ただし，実用新案技術評価書（§7・1・5）の請求があった場合や，無効審判の請求があった場合は，**実用新案登録に基づく特許出願**が制限されます（特46条の2第1項各号）．実用新案登録に基づく特許出願をする場合，実用新案登録を放棄し

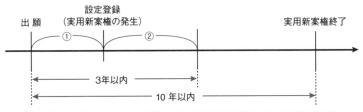

① は特許出願へ変更できる期間．② は実用新案登録に基づく特許出願をすることができる期間．

図7・2 実用新案登録に基づく特許出願の可能な期間（3年）

なければなりません（同）．ただし，実用新案登録に基づく特許出願をするまでの実用新案権は有効に存在することになります．実用新案登録に基づく特許出願は，実用新案登録出願の出願日を基準として新規性などが判断されます．

b．実用新案登録無効審判　実用新案登録に対しては，誰でも実用新案登録無効審判（以下，"無効審判"）を請求できます（実37条1項，同2項）．これまで説明したように，実用新案は，新規性や進歩性がなくても登録されます．また，設定登録の前に**新規事項**を追加する補正をした場合であっても登録されます．このような無効理由を有する登録実用新案は，無効審判により無効とされます（逆にいえば，無効審判が請求されないかぎり，無効理由を有する登録実用新案であっても有効に存続する）．

c．訂　正　設定登録後であっても，請求の範囲，明細書または図面の記載を訂正できます．請求項を削除する訂正は何度でもできます（実14条の2第7項）．一方，請求項を削除する以外の訂正は，一回に限り認められます（実14条の2第1項）．すなわち，評価書の内容や，無効審判請求書の内容を見た上で，一回に限り請求項を削除する以外の訂正をすることができるのです．

```
──────────── 訂正の方式 ────────────
  特許法の場合　──→　訂正審判・訂正請求（§5・6）
  実用新案法の場合　──→　訂　正
```

7・1・5　権　利　行　使

a．実用新案技術評価書　実用新案権に基づいて差止請求権などの権利を行使する場合，**実用新案技術評価書（評価書）**を提示した警告をしなければなりません（実29条の2）．実用新案は，新規性などを審査されないまま登録されます．したがって，出願された考案や，登録された考案が新規性などの要件を満たすものかどうかは，当事者が判断しなければなりません．しかし，そのような判断は容易ではないので，特許庁の見解を求めることのできる制度が設けられました．それが，**評価書制度**です．登録後だけでなく出願中も，誰でも何度でも特許庁長官に対し，**実用新案技術評価（技術評価）**を請求できます（実12条1項）．評価書は，請求項ごとに請求することもできます．

> **メモ** 技術評価を請求するためには，4万2000円と請求項一つにつき1000円を合わせた金額を支払う（実54条2項）．

　技術評価が請求されると，審査官は，請求があった請求項について，先行文献の有無，先行文献からみた進歩性，拡大先願違反（§2・3・7），および先願主義違反の有無を審査し，評価書を作成します．特許法では，公知・公用なども審査されますが，実用新案法の評価書制度の下では，書類に基づいて審査できる範囲についてのみ審査を行います．評価書は，特許庁の見解書のようなものであり，行政処分ではありません．したがって，評価書の結果に不満があっても不服を申し立てることはできません．また，一度評価書を請求すると，評価書の請求を取下げることができません（実12条6項）

b．実用新案登録が無効になった場合の損害賠償責任　実用新案権に基づいて警告や権利行使をし，その実用新案登録が無効とされた場合や，警告などをした請求項が訂正により削除された場合は，原則として損害賠償責任を負うことになります（実29条の3）．

　この場合，警告や権利行使をした者が損害賠償を免れるためには，相当の注意をもって警告などをしたことを主張・立証しなければなりません（**挙証責任の転換**）．"相当の注意"を払ったと認められるのは，肯定的な評価書を得ており，十分に先行文献調査を行い，権利の有効性について弁護士や弁理士の肯定的な鑑定書に基づいて警告をした場合などです．

c．訴訟提起　実用新案権侵害に対して，差止め，損害賠償，不当利得の返還などを請求できます．また，仮処分を提起することもできます．

　ただし，特許権侵害の場合と異なり，実用新案権侵害の場合は，侵害者の過失が推定されません(実30条で，**過失の推定規定**である特許法103条を準用していない)．すなわち，損害賠償請求が認められるためには，実用新案権者などが，侵害者に故意または過失があったことを主張し，立証しなければなりません．

実用新案権に基づく権利行使のポイント
- 評価書を提示した警告が必須（実29条の2）
- 挙証責任の転換（実29条の3）
- 過失が推定されない（特103条不準用）
---

7. 知的財産権法

JP 3164748 U 2010.12.16

(19) 日本国特許庁(JP)　　(12) **登録実用新案公報(U)**　　(11) 実用新案登録番号
　　　　　　　　　　　　　　　　　　　　　　　　　　　　　　　　　　　　　実用新案登録第3164748号
　この登録実用新案公報の発行日　　　　　　　　　　　　　　　　　　　　　　　　　　　　　(U3164748)
(45) 発行日　平成22年12月16日(2010.12.16)　　　　　　　　(24) 登録日　平成22年11月24日(2010.11.24)

(51) Int.Cl.　　　　　　　　　　　　FI
　　G06F　3/048　(2006.01)　　　　　G06F　3/048　658B　　登録日
　　　　　　　　　　　　　　　　　　　G06F　3/048　656C　　出願から2カ月未満で登録
　　　　　　　　　　　　　　　　　　　　　　　　　　　　　　　されている．この登録日か
　　　　　　　　　　　　　　　　　　　　　　　　　　　　　　　ら実用新案権が発生

　　　　　　　　　　　　評価書の請求　未請求　請求項の数6　OL　（全18頁）

(21) 出願番号　　　実願2010-6538 (U2010-6538)　　　(73) 実用新案権者　308033283
(22) 出願日　　　　平成22年10月1日(2010.10.1)　　　　　　　　株式会社スクウェア・エニックス
　　　　　　　　　　　　　　　　　　　　　　　　　　　　　　　東京都渋谷区代々木三丁目22番7号
　　　出願日　　　　　　　　　　　　　　　　　　　　　　　(74) 代理人　100116850
　　　　　　　　　　　　　　　　　　　　　　　　　　　　　　　弁理士　廣瀬　隆行
　　　　　　　　　　　　　　　　　　　　　　　　　　　　　(74) 代理人　100165847
　　　　　　　　　　　　　　　　　　　　　　　　　　　　　　　弁理士　関　大祐
　　　　　　　　　　　　　　　　　　　　　　　　　　　　　(72) 考案者　青海　亮太
　　　　　　　　　　　　　　　　　　　　　　　　　　　　　　　東京都渋谷区代々木三丁目22番7号　株
　　　　　　　　　　　　　　　　　　　　　　　　　　　　　　　式会社スクウェア・エニックス内

(54)【考案の名称】情報処理装置　◄──　特許法と異なり実用新案法は，プログラムそのものを
　　　　　　　　　　　　　　　　　　　保護対象としない．このためプログラムそのものの考案は，
　　　　　　　　　　　　　　　　　　　実用新案登録されない．しかし，コンピューターなどに関する
(57)【要約】　　　　(修正有)　　　　考案は，実用新案登録されうる．
【課題】文書の撮影から翻訳語の表示までのタイムラグ
によって，ユーザにストレスを与えることのないカメラ
を用いた翻訳装置を提供する．
【解決手段】情報処理装置1は，基本的には，撮影部1
1と，辞書12と，キャラクタ判別部14と，情報抽出
部15と，表示部16を備える．撮影部により，対象物
を撮影し，辞書には，複数のキャラクタに関連した情報
が記憶されている．キャラクタ判別部は，撮影部で撮影
された対象物に含まれるあるキャラクタを判別する．情
報抽出部は，キャラクタ判別部により判別されたあるキ
ャラクタに基づいて，辞書から，あるキャラクタに対応
した情報を抽出する．キャラクタに対応した情報の例は

登録実用新案公報の例

7・1 実用新案法：早く権利を得られる実用新案

実用新案技術評価書の記載例（特許庁ホームページより引用）

実用新案法第 12 条の規定に基づく実用新案技術評価書

1. 登録番号　　　　　　　3012345
2. 出願番号　　　　　　　実願 2004-092345
3. 出願日　　　　　　　　平成 16 年 5 月 1 日
4. 優先日／原出願日
5. 考案の名称　　　　　　寝具付きぬいぐるみ
6. 実用新案登録出願人／実用新案権者
　　　　　　　　　　　　実用　太郎
7. 作成日　　　　　　　　平成 16 年 9 月 1 日
8. 考案の属する分野の分類　A63H　3／02
　（国際特許分類第 7 版）　A63H　3／00　　　　　国際特許分類
　　　　　　　　　　　　　　　　　　　　　　　　（§3・2・2参照）
　　　　　　　　　　　　A63H　3／04
　　　　　　　　　　　　A47J　9／08
9. 作成した審査官　　　　俵　香志代　（9136　3L）
10. 考慮した手続補正書

11. 先行技術調査を行った文献の範囲　←　先行文献のみを調査している
　●文献の種類　　　　　日本国特許公報及び実用新案公報
　　分野　　　　　　　　国際特許分類第 7 版
　　　　　　　　　　　　A63H　3／00－3／04
　　　　　　　　　　　　A47G　9／00－9／08
　　時期的範囲　　　　　～平成 16 年 7 月 1 日
　●その他の文献　　　　・○○○○編「生活百科（収納編）」
　　　　　　　　　　　　　（平成 3 年 5 月 6 日発行）
　　　　　　　　　　　　・特開昭 62－123456 号
　　　　　　　　　　　　・特開昭 63－246734 号
　　　　　　　　　　　　・実願昭 63－134587 号（実開平 01－023464 号）
　　　　　　　　　　　　　のマイクロフィルム

（備考）
『日本国特許公報及び実用新案公報』は，日本特許庁発行の公開特許公報，公表特許公報，再公表特許，特許公報，特許発明明細書，公開実用新案公報，公開実用新案明細書マイクロフィルム等，公表実用新案公報，再公表実用新案，実用新案公報及び登録実用新案公報を含む．

12. 評価
　・請求項　　　　1 及び 2　　　　　　請求項1と請求項2は，新規性
　・評価　　　　　1　　　　　　　　　がないと判断されている
　・引用文献等　　1
　・評価についての説明
　　　引用文献 1 の第 3 頁右下欄第 2～5 行目には，「本願発明は，…特に，子供用の

玩具に変形可能で，その際には，寝袋の本体が玩具の詰め物となる様に構成された子供用の寝袋に関するものである.」と記載されている.

引用文献1に記載されたものにおける「寝袋」は，本願の請求項1及び2に係る考案における「寝具」に相当する．また，引用文献1の図1には，玩具として犬の形状のものが示されており，引用文献1に記載されたものにおける「玩具」は，本願の請求項1及び2に係る考案の「ぬいぐるみ」に相当する．

したがって，引用文献1には，「寝具とぬいぐるみを一体化したもの」及び「寝具とぬいぐるみを一体化したものにおいて，寝具をぬいぐるみの中に収容できるように構成したもの」が記載されている．

・請求項　　　3
・評価　　　　2
・引用文献等　1及び2

> 請求項3は，引用文献1に記載された考案に，引用文献2に記載された考案を組合わせてきわめて容易に考案できたものなので，進歩性がないと判断されている

・評価についての説明

引用文献1に記載された考案の認定については，請求項1及び2の評価についての説明のとおりである．

引用文献2の第12図には，寝具等を収納する袋において開口部をファスナーで開閉するものが記載されている．引用文献1に記載されたものにおけるボタンと，引用文献2に記載されたものにおけるファスナーとは，同様の機能を有するものである．したがって，引用文献1に記載されたものにおいて，そのボタンをファスナーに置換することは当業者がきわめて容易に想到し得たことである．

・請求項　　　4
・評価　　　　6
・引用文献等　1，2及び3（一般的技術水準を示す参考文献）

> 請求項4については，先行文献調査の結果新規性や進歩性を否定する文献を発見できなかったと判断されている

引用文献等一覧
1．特開昭59-54321号公報
2．○○○○編「生活百科（収納編）」（平成3年5月6日発行）○○社
3．特開昭59-23456号広報

評価に係る番号の意味
1．この請求項に係る考案は，引用文献の記載からみて，新規性がない（実用新案法第3条第1項第3号）　← 新規性なし
2．この請求項に係る考案は，引用文献の記載からみて，進歩性がない（実用新案法第3条第2項）　← 進歩性なし
3．この請求項に係る考案は，その出願の日前の出願であって，その出願後に登録公報の発行又は出願公開がされた出願の願書に最初に添付した明細書等に記載された考案又は発明と同一である（実用新案法第3条の2）　← 拡大先願違反（§2・3・7）
4．この請求項に係る考案は，その出願の日前の出願に係る考案又は発明と同一である（実用新案法第7条第1項又は第3項）　← 先願主義
5．この請求項に係る考案は，同日に出願された出願に係る考案又は発明と同一である（実用新案法第7条第2項又は第7項）　← 先願主義
6．新規性等を否定する先行技術文献等を発見できない．

> **コラム** **おむすび事件**（実用新案侵害訴訟の例）
> 〔東京地裁平成12年4月25日判決（事件番号：同平成11年（ワ）第24434号）〕
>
> "サンドおむすび牛焼肉"は，以前，セブンイレブンなどで販売されていました．そして，ある個人が，"おかずを挟んだごはん"に関する実用新案権を取得し，訴えたのが"おむすび事件"です．この事件では，その個人が評価書を取得していない状態で，訴訟を提起しました．
> 　原告の実用新案権は，以下のようなものでした．
>
> ```
> 考案の名称    おかずを挟んだごはん
> 出 願 日    平成6年9月7日
> 登 録 番 号    第3060941号
> 実用新案登録請求の範囲    「上下のごはん1，ごはん2により，おかず3を
> 挟みのり4で覆いのりで覆われた背面の反対側の正面から見ておかずを横の
> 直線上にはっきりと見えるようにした食べ物」
> ```
>
> この登録実用新案を構成要件に分説すると，
> 　A：上下のごはん1，ごはん2により，おかず3を挟み
> 　B：のり4で覆い
> 　C：のりで覆われた背面の反対側の正面から見ておかずを横の直線上にはっきりと見えるようにした食べ物
>
> のようになります．おなじみの"サンドおむすび牛焼肉"は，上記の構成要件A〜Cをすべて満たすと思われます．したがって，一応，"サンドおむすび牛焼肉"は，実用新案権の技術的範囲に属するということになります．
> 　本来，実用新案権の権利行使には，評価書を提示した警告が必要です．しかし，この事件で実用新案権者は，評価書を提示しないまま損害賠償を求める訴えを提起しました．このような状態でも，ただちに訴えが却下されませんでした．しかし，実用新案権者は，最後まで評価書を提示した警告を行わなかったので，結局は損害賠償が認められませんでした．
> 　なお，判決文によれば，被告のうちフジフーズは，昭和61年からサンドイッチ状おにぎりを製造販売していたとのことなので，上記の実用新案登録は，無効理由があったとも思えます．
> 　比較的簡単なアイデアであっても，権利を取得して，アイデアを財産化しようとする姿勢は評価できます．しかし，実際に訴訟を提起する場合は，きちんと準備をし，法律というルールに従う必要があるのです．

7・2 意匠法

7・2・1 はじめに

一般的に研究者は,"品質さえよければ物は売れる"と考える傾向にあるようです.しかし,品質がよい製品であっても,顧客の気持ちをつかまえなければ,商品は売れません.商品などのデザインは,顧客の気持ちをつかまえる上で重要です.デザインは発明などと同様に創作物です.意匠法は,**意匠(デザイン)の創作性**に価値を見いだし,保護する法律です.意匠権が認められれば,その意匠と類似する意匠をも含めて権利範囲とされます.意匠権の存続期間は,**登録から20年**です(意21条).なお,デザインが模倣されることに対して,著作権法や不正競争防止法2条1項3号の規定などによっても保護される場合があります.

7・2・2 意匠とは

意匠は,一般的にはデザインを意味します.しかし,意匠法上の,"意匠"は,"物品の形状,模様もしくは色彩またはこれらの結合であって,視覚を通じて美感を起させるもの"と定義されています(意2条1項).すなわち,意匠法上の"意匠"は,デザインそのものではなく,**"物品の形態"**(物品のデザイン)です.

> **メモ** 物品性と形態性とを備えたものが意匠法上の意匠である.したがって,同じデザインであっても,物品が異なれば,意匠が異なることとなる.このように,意匠法における"意匠"は,物品性が要求される点で,単なるデザインとは異なる.
> 意 匠 ⟶ 物品性 + 形態性

なお,"物品"とは,市場で流通する有体物であると解釈されています.しかし,"物品の部分"に創作性がある場合は,その創作性のある部分のデザインを抽出して出願できます.この制度を,**部分意匠制度**といいます.

7・2・3 意匠権が発生するまでの流れ

意匠登録出願に関する大まかな流れを図7・3に示します.

a.意匠登録出願 意匠権を得るためには,意匠登録出願をしなければなりません.具体的な出願書類の書き方は,特許庁のホームページなどを参考にするとよいでしょう.

b．方式審査　特許庁長官は，出願書類が意匠法で定める形式的要件を満たすかどうか，方式審査をします（準特17条3項，18条1項）．そして，方式を満たさない場合は，補正命令を出し，出願人がこれに応じない場合は出願を却下します．

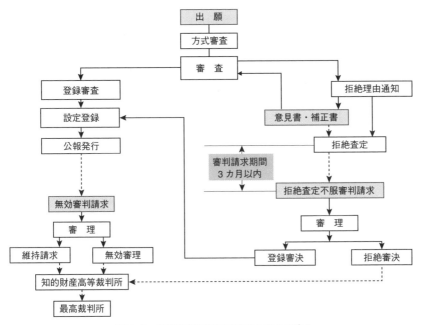

図7・3　意匠登録出願に関する大まかな流れ

c．実体審査　意匠登録されるためには，意匠登録出願されたものが，工業上利用することができる意匠であること，新規性があること，創作することが容易でないこと（**創作非容易性**），先願主義に違反しないことなどの登録要件を満たす必要があります．これらの要件を満たす場合は，登録査定されます．一方，これらの要件を満たさない場合は，審査官により拒絶理由が通知されます．拒絶理由通知に対しては，補正書や意見書を提出することにより対処できます．補正が却下された場合は，**補正却下不服審判**を請求するか，**補正却下後の新出願**をすることができます．補正却下後の新出願の出願日は補正書の提出日とされます．拒絶理由が覆らない場合は，拒絶査定されます．出願人は，この拒絶査定に対して，"拒絶査定不服審判"を請求できます．また，出願の分割や，実用新案登録出願または特許出願への出願変更もできます．

なお，意匠法では，出願審査請求制度を採用していないので，形式的要件を具備したすべての出願について，実体審査が行われます．

d．意匠権の設定登録　意匠権の設定登録は，登録査定または登録審決がなされた後，1年分以上の登録料が納付されたときに行われます（意20条2項）．意匠権の存続期間は登録後20年です．意匠法では，出願公開制度を採用していません．したがって，意匠権の設定登録がなされなければ意匠の内容が公開されません．また，意匠法には出願公開制度がありませんので，早期公開制度（§2・2・2）もありません．登録された後に，意匠公報が発行されます．すなわち，意匠権が発生しない場合は，原則として意匠登録出願は公開されません．

7・2・4　意匠独特の制度

意匠法には，独特の出願制度があるので以下に紹介します．

a．関連意匠制度　関連意匠制度は，ある意匠（**本意匠**）の公報が発行される前日までにこれに類似する意匠（**関連意匠**）を出願すれば，これらの意匠を登録する制度です（意10条）．この関連意匠に係る権利も意匠権なので，通常の意匠権と同様に，侵害に対して権利行使が認められます（図7・4）．

あるコンセプトに基づいてデザインを創作する場合，多くのデザインが創作されます．これらのデザインを出願することで，ある意匠に類似するすべてのデザインを権利化できます．この場合，関連意匠も，それぞれ意匠権が発生しますから，それぞれが登録要件を満たさなければなりません．ただし，関連意匠は，本意匠や別

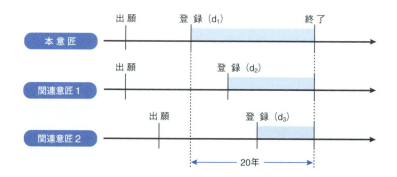

いずれの関連意匠も，本意匠の設定登録日（d_1）から20年で存続期間が終了する．
図7・4　本意匠に係る意匠権と関連意匠に係る意匠権の存続期間

の関連意匠と類似していることのみを理由として拒絶されません．関連意匠は，本意匠が登録された後に登録され，関連意匠の存続期間は，本意匠の登録の日から20年です（意21条2項）．出願中であれば，関連意匠と本意匠を取替える補正をすることもできます．

なお，関連意匠と本意匠とは，一体の権利ですから，これらを別々に移転することはできず（意22条1項），また本意匠と関連意匠とは別々に専用実施権を設定できません（意27条1項但書）．

b．組物の意匠　一つの意匠は，原則として一つの物品からなります（意7条）．しかし，システムキッチンなどは，全体として創作され，全体としてこそ，より大きな意匠効果を発揮します．こういったものは，個々の物品に意匠権を与えるよりは，全体として保護したほうが実情に沿います．そこで，意匠法は，一定の場合に多物品からなる意匠を一出願とすることを認めています（意8条）．これが，組物の意匠制度です．

組物の意匠として出願できる物品は，省令で定まっており，具体的には意匠法施行規則8条別表2に掲げられる56物品です．なお，組物の意匠は，全体として新規性などの登録要件を満たせば登録されます．たとえば，組物を構成するある物品が新規でなくても，組物全体として新規であれば，登録される場合があります．組物の意匠にかかわる意匠権は，組物全体として一つの意匠権です．権利行使の際には，組物全体として類似するかどうかが判断されます．個々の構成物品が類似していても，全体として類似していなければ，組物の意匠権を侵害しません．

c．秘密意匠制度　意匠登録出願は，出願時または，登録料を納付する際に特別料金（5100円）を支払って請求することにより，意匠権の設定登録の日から3年以内に限り，登録意匠を秘密にできます（意14条）．これが秘密意匠制度です（図7・5）．なお，秘密にする期間は3年以内の範囲で変更できます．

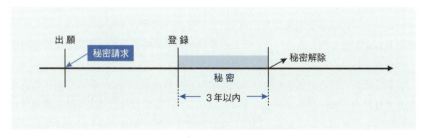

図7・5　秘密意匠制度の概要

> **メモ** たとえば，意匠公報が発行されると，ライバル会社にデザインの動向を把握されるおそれがある．このような場合に公報の発行を遅らせることができる秘密意匠制度は特に有効である．

ただし，秘密期間中に差止請求をする場合は，所定の書面を提示した警告が必要となります（意37条3項）．また，秘密期間中の意匠権侵害に対しては，侵害者の過失が推定されません（意40条但書）．したがって，秘密期間中の侵害に対して損害賠償を請求する場合は，意匠権者が侵害者の故意または過失を主張，および立証しなければなりません．

d．部分意匠　意匠は物品の形態なので，通常，意匠は物品に現れたデザイン全体を意味します．しかし，物品の部分についての独創的なデザインを保護することが望ましい場合もあります．そこで，そのような物品の部分についてのデザインの創作を，"部分意匠"として保護することとしました（意2条1項括弧書）．部分意匠を出願する場合は，保護を受けたい部分を実線で，物品の全体を破線で記載します．

e．動的意匠　意匠法では，"びっくり箱"のように動きのあるものも"動的意匠"として，保護されます．すなわち，動的意匠とは，「意匠に係る物品の形状，模様又は色彩がその物品の有する機能に基づいて変化する意匠」をいいます（意6条4項）．

7・2・5　新規性喪失の例外

意匠登録出願も特許出願と同様に**新規性喪失の例外**（§2・3・4）を受けることができます．

たとえば，意匠登録出願人自らある商品をホームページにおいて販売した場合，ホームページに商品を掲載した日から6カ月以内に新規性喪失の例外を申請しつつ意匠登録出願をしたときは，その意匠登録出願の新規性などの審査において，ホームページに商品が掲載された事実が考慮されません．

新規性喪失の例外の適用を受けるためには，特許出願と同様，新規性喪失の日から6カ月以内に意匠登録出願をしなければならず，意匠登録出願と同時に新規性喪失の例外を受けたい旨の書面を提出しなければならず，新規性喪失に関する証明書を出願から30日以内に提出しなければなりません．

7・2・6　意匠権の効力

　意匠権の効力は，登録意匠と同一のみならず，その類似範囲まで及びます（意23条1項）．どこまでが登録意匠と類似であるかは，需要者の視覚を通じて起こさせる美感に基づいて行うとされており（意24条2項），この基準に基づいて判断しなければなりません．

7・2・7　意匠法以外のデザインの保護制度

　意匠権があれば，あるデザインを模倣などから保護できます．また，意匠権を取得しておけば，第三者が偶然に登録意匠と同一または類似する意匠を創作した場合であっても，第三者が無断でその意匠を実施する事態を防ぐことができます．では，意匠権がない場合は，デザインを模倣されても対抗手段がないのでしょうか．このような場合であっても，さまざまな対抗手段が考えられます．代表的な対抗手段は，不正競争防止法（§7・4）による救済と著作権法（§7・5）による救済です．
　不正競争防止法による救済は，**商品形態模倣行為**（不競法2条1項3号）による救済です．すなわち，最初に販売されてから3年以内である商品の形態を模倣した商品を，第三者が販売などをした場合に，その商品の差止請求や損害賠償を請求することができます．また，著作権法では，著作物を有形的に再生した行為を複製権の侵害とし，差止請求や損害賠償請求などを認めています．

7・3　商　標　法

7・3・1　はじめに

　最近は，大学発ベンチャーを創業するなど，研究者が起業するケースも増えています．そして，さまざまな社名や，さまざまな名前やロゴを付した商品が販売されています．企業や，商品・サービスを他のものから区別するために用いられるのが，"**商標**"です．この名前やロゴは，企業経営において重要です．商標を使用していても，他人が商標権を取得してしまうと，その商標を使えなくなる場合があります．したがって，社名や商品名などを決める際には，他人の登録商標や商標登録出願があるかどうかを調査する必要があります．また，**ブランド力**を上げることに

より，商品価値が大幅に高まることは周知のとおりです．商標法は，商標による業務上の信用を保護することで，商標権者を保護し，産業の発達に寄与することを目的とするとともに，競業秩序を維持することで，需要者の利益をも保護することを目的とする法律です（商1条）．

7・3・2　ブランド化

　自社の名前や商品名が有名になり，顧客を惹きつけるようになることは，経営上とても大切です．以下では，商標の価値がどのようにして高まるかについて，基本的流れを説明します．

　まず，商標を選択します．この段階では，単に名前や図形と商品やサービスを選んだだけなので，商標にそれほど大きな価値はありません．

　つぎに，選んだ商標を実際に商品やサービスに使います．すると，需要者は，その商標によって，ほかの商品と区別しつつ商品を購入し，使用します．すなわち，商標が，自己の商品を他人の商品から識別する機能などを発揮するのです．

　商標を商品などに使い続けると，"あの商品はすばらしい"，"あの商品は高級感がある"などといった信用が生まれます．これが"商標に化体した**業務上の信用**"（グッドウィル）です．需要者は，その商標に信頼を寄せ，その商標のついた商品を購入するようになります．

　このようになると，商標には，顧客を惹きつけるといった価値（**顧客吸引力**による財産的価値）が発生します．この顧客を惹きつける力こそが，商標法が本当に守ろうとする財産なのです．

商標価値を高める基本的な流れ

選択 → 使用（諸機能発揮）→ 業務上の信用が蓄積 → 財産的価値が発生

7・3・3　商標とは

　商標は，ロゴマークなどの標章と指定商品・役務からなります．

　a．標章　　標章は，"人の知覚によって認識できるもののうち，文字，図形，記号，立体的形状若しくは色彩又はこれらの結合，音その他政令で定めるもの（商2条1項）"と定義されています（商2条1項）．

7・3 商 標 法

> **メモ** たとえば，文字商標として，商品の名前や会社の名前（商号）があげられる．図形の商標として，ナイキ社製品につけられる曲線があげられる．実際に登録されている**立体商標**として，早稲田大学の大隈重信像，ケンタッキーフライドチキンのカーネルサンダース人形があげられる．なお，"動くカニ"のような**動く標章**や，音声による標章（**音響商標**）も新しいタイプの商標として商標登録の対象となる．

新たな商品を売り出す場合，まずその商品名の候補が複数提案されます．そして，最終的に一つの商品名を決め，その商品名を使って宣伝や広告などを行います．また，需要者は，その商品名を頼りに商品を購入します．一般に企業では，最終的な商品名を決める前に，費用対効果を考慮しつつ，商品名の候補を複数出願しておきます．このように商品に用いられる商標を**商品商標**といいます．商品の例は，商標法の施行規則において分類されています．出願の際には，この分類された商品名を参考にして，実際に出願する商品（指定商品）を選択します．なお，指定商品は，施行規則にあげられたもののとおりでなくても構いません．

また，商品の名前だけでなく，サービスに用いる名前などについても，商標登録できます．このようにサービス（役務）に用いられる商標を**役務商標（サービスマーク）**とよびます．

> **メモ** たとえば，"JAL"（登録商標）は，飛行機という商品を販売しているのではなく，飛行機による顧客の運搬というサービスを提供している．そして，"ANA"（登録商標）などの他社のサービスと区別するために用いられているのが"JAL"というサービスマークである．たとえば，化学物質の分析業なども，商品を販売せず，サービスを提供することになるので，分析業などに用いる標章は，サービスマークになる．

b．指定商品・指定役務　商標登録出願をするには，登録を望む商品または役務（サービス）を指定しなければなりません．この商品または役務の例は，商標法の施行令の別表に記載されています．そして，その別表では，**商品及び役務の区分**に分けられています．一つの出願で，複数の区分を指定して出願できます．しかし，出願に関する費用は，区分数にほぼ比例して高くなります．一方，同一区分内であれば，商品が増えても出願に関する費用はそれほど変わりません．そこで，一般的には，実際に使用する商品や役務のみならず，ある区分に属し，実際に使用する可能性のある商品や役務も指定して出願します．

商標権が発生するのは，すべての指定商品・役務について，登録要件を満たした場合です．したがって，指定商品・役務の範囲を広げると，拒絶される可能性が高まります．このような場合は，拒絶された指定商品・役務を削除する補正をすることにより権利化を図ることができます．

> **メモ** 指定商品・役務の区分は以下のとおり定められている．
> 　　　　第 1 類～第 35 類：商品に関する区分
> 　　　　第 36 類～第 45 類：役務に関する区分
> 　たとえば，第 32 類は，"アルコールを含有しない飲料およびビール"に関する区分であり，第 33 類は，"ビールを除くアルコール飲料"に関する区分である．ある商標を，"ビール"と"ウイスキー"について取得したい場合は，第 32 類と第 33 類の二つの区分について出願する必要があるが，ある商標を"ビール"，"清涼飲料"，"果実飲料"，"乳清飲料"および"飲料用野菜ジュース"などについて出願する場合は，第 32 類だけで出願すればよい．

c. 商標の諸機能　　商標は，商標の機能を発揮しながら使用されることで，業務上の信用を高めます．その商標の機能のうち，最も基本的な機能として，自己の商品や役務と他人の商品や役務とを区別する機能（**自他商品・役務の識別機能**）があります．さらに，**出所表示機能**，**品質・質保証機能**，および**宣伝広告機能**があります．

```
─────────── 商標の機能 ───────────
  ❶ 識別機能（基本的機能）   ❷ 出所表示機能
  ❸ 品質・質保証機能         ❹ 宣伝広告機能
```

❶ 自他商品・役務識別機能

自他商品・役務識別機能は，ある商標を使用した商品や役務が，需要者などからほかの商品や役務と区別される機能を意味します．たとえば，清涼飲料水に"コカ・コーラ"（CocaCola：登録商標第 106633 号（大正 8 年登録）など）とあれば，需要者は，ほかの清涼飲料水と区別できます．

❷ 出所表示機能

出所表示機能は，同一の商標を付した商品または役務は，同一の出所から流出したものであることを示す機能を意味します．たとえば，和菓子に"とらや"（登録

商標第345408号（昭和16年登録）など）とあれば，赤坂の老舗"虎屋"に関連する商品であることが伺えます．

❸ 品質・質保証機能

品質・質保証機能は，同一の商標を付した商品または役務は，同一の品質や質を有することを需要者に認識させ，保証する機能を意味します．たとえば，"Panasonic"（登録商標第1081800号，第1327604号など）という商標が付いた電化製品を購入した顧客が，再度Panasonicという商標の付いた商品を購入するのは，その商品の品質が以前購入したものと同様であると信じるからです．

❹ 宣伝広告機能

宣伝広告機能は，商標を手がかりとして商品などの購買意欲を起こさせる機能を意味します．

d．商標の使用　特許法における，発明の"実施"に対応する概念が，"商標の使用"です．どのような行為が商標の使用に該当するかについては，商標法2条3項に規定されています．簡単に説明すると，商標の諸機能を発揮するように商標を用いた場合，商標が使用されたといえます．

e．団体商標　通常，商標は商標権者により使用されることが意図されています．しかし，商標権者ではなく，ある組織の構成員が商標を使用するような場合があります．このような場合に使用されるのが，"団体商標"です（商7条）．通常の登録商標は，使用をしなければ取消されることがありますが（商50条），団体商標はその構成員が使用することで取消しを免れます．また，その組織の構成員は，自動的に団体商標を使用する権利をもちます．更に，**地域ブランド**の保涯のため地域の名称を含む**地域団体商標**も認められています（商7条の2）．

f．防護標章制度（商64条）　商標法は，商標に化体した業務上の信用を保護することを目的とするので，著名に至った商標は，より強く保護することが適切とされます．通常の商標であれば，指定商品・役務と類似範囲までしか保護されませんが，著名な登録商標については，**防護標章登録**を受けることで，その効力範囲が非類似の商品・役務まで拡大されます．たとえば，先にあげた"Panasonic"（登録商標第1327604号）については，40以上の防護標章登録がされており，他人が家電以外に"Panasonic"を用いることを防いでいます．

7・3・4　商標権を取得するメリットは何か

a．登録商標の権利はどのようなものか　　登録商標があれば，商標権者は，

指定商品・役務（サービス）について，マーク（標章）を使用できます（商25条）．すなわち，ある商品もしくはサービスに関連して，自社だけが登録商標を使用できます（ただし，登録商標の使用が，後述の不正競争行為に該当するような例外的な場合は使用できません）．

ある名称を用いて事業を進めていれば，その名称に信用が集まります．この名称にあやかろうとする行為（**フリーライド**）を商標権により防止できます．一方，他人が自社の社名や商品名などを商標登録した場合は，それらの名称を使用し続けると商標権の侵害となります．なお，商標権の効力範囲も，特許権と同様に日本国内のみしか及びません．

> **メモ** よい商品名を思いつき，他人に話したところ，その他人が先に商標登録出願をしてしまったというケースが時折ある．商標法には，特許法の冒認出願（§2・5・2）のような拒絶・無効理由はないので，先のケースでも合法的に権利化されてしまう．商標を先に出願しておけば，そのような事態を防止できる．

商標権の存続期間は，"登録から" 10年間です（商19条）．しかし，この期間は**更新**することにより何度でも延長できます．商標権は，商標を使用すればするほど顧客を惹きつける力（**顧客吸引力**）が強まり，その価値が高くなるので，繰返し更新することにより，半永久的に保護されるのです．

b．他人の使用を防ぐことについて 商標権者は，他人が登録商標の指定商品・役務と同一または類似する指定商品・役務について，登録された標章と同一または類似する標章を使用していた場合に，その者に登録商標を使用しないように請求できます（商36条）．また，過去の使用については損害賠償を請求できます．

商標登録出願後は，登録前であっても，出願された商標と同一または類似する商標を使用する第三者に対して商標使用を止めるように警告書を送付できます．そして，商標登録出願後に出願内容を記載した書面を提示して警告をしたときは，警告から商標権が発生するまでの期間の第三者の商標使用により生じた業務上の損失に相当する金銭の支払いを請求できます．この権利を**金銭的請求権**といいます．商標登録出願も特許出願と同様に**出願公開**されます．しかし，特許法における補償金請求権と異なり，金銭的請求権の発生には出願公開が要件とされません．なお，特許出願は優先日から1年6カ月経過後に出願公開されます．一方，商標登録出願は出願があったときに出願公開されます．

c. 権利の有効利用を図る 商標権者は，他人に対し，その商標の使用についての**使用許諾**（ライセンス）をすることもできます．たとえば，関連会社やフランチャイズの加盟店に商標の使用を許諾することで，自社の立場を有利にすることができます．商標法では，使用許諾する権利として，**専用使用権**（商30条）および**通常使用権**（商31条）があり，これらは，特許法にいう専用実施権や通常実施権に対応するものです．さらには，商標の価値を高めた商標権を販売することもできます．また，商標登録後は，登録商標表示をすることができます．これは，一般に，"®"と書かれているものです．Rは，Registeredの略ですが，本来は，"商標登録第○○○○号"のような表示を付することが望ましいとされています．なお，"TM"というマークも散見されます．これは，"Trademark"の略語なので，商標であることを意味し，商標登録されていないものにも使用できます．

®とTMの慣用的な用い方

® ⟶ 登録後

TM ⟶ 出願中，登録後など

®やTMは，商標法により定められた記号ではないが，®が商標に付されていれば，一般的にはその商標が登録商標であると解釈される．

7・3・5 商標権を取得するためには

商標権を取得するためには，どのような手続を経なければならないのでしょうか．以下では，図を参照しながら，商標が登録され，権利を取得するまでの流れを説明します．次ページの図7・6は，商標登録出願から商標権を得るまでの大まかな流れを表したものです．

a. 事前調査 自分が取得したい商標と同じか，あるいは類似する商標がすでに出願されている場合は，登録されません．そこで，商標を出願する前に，自分が出願しようとする商標と同じ商標や類似している商標がないかどうかを事前に調査することが大切です．事前調査をしないで商標登録出願をし，類似している商標により登録が拒絶されてしまえば，それまでにかかった費用がすべて無駄になります．逆にすでに出願されている商標がわかれば，自分の商標登録出願により，どのような範囲で商標権を取得できるか予想を立てることもできます．したがって，事前に先行商標を調査して自分が登録しようとする商標の登録可能性などを判断する

ことが望ましいといえます．また，商標登録出願をする場合のみならず，自社の社名や商品名などを決める際にも商標調査が必要です．

個人的に先行商標を調査する方法として，特許庁のホームページ内にあるJ-PlatPatを利用する方法があげられます．このJ-PlatPatは，同じ名前の商標がすでに出願されているか，あるいは登録されているかを初心者でも検索できます．

なお，先行商標調査には，新たな情報がデータベースに記憶されるまでに時間がかかるなどの問題が伴います．すなわち，先行商標を完全に調査することはできません．

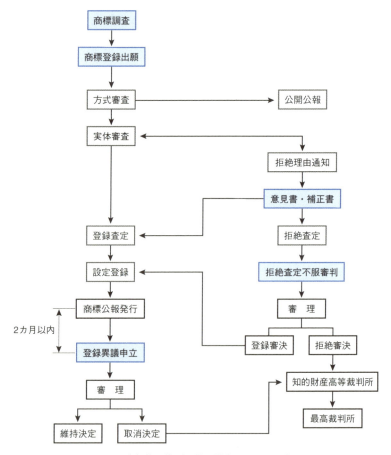

図7・6　商標権の権利取得に関する大まかな流れ

> メモ 特許庁の J-PlatPat は https://www.j-platpat.inpit.go.jp/

b. 商標登録出願 商標を登録しようとする場合は，まず特許庁に商標登録出願をします．文字のみの商標の場合は，フォントを特定しない**標準文字**による出願をすることもできます．そして，審査を受け，方式要件や実体要件を満たす出願のみが登録されます．ここでは，この出願から審査，登録までの手続きの概要を説明します．出願から登録までの手続きの流れは図 7・6 に示したとおりです．なお，出願方法は電子出願（インターネット出願）が一般的に使われますが，書類による出願もできます．出願時に，特許庁へ納める費用は，

$$3400 円 ＋ 区分数 × 8600 円$$

です．たとえば，2 区分なら 2 万 600 円を支払うことになります．紙で出願した場合は，後日，さらに電子化手数料を支払うよう通知されます．

> メモ 出願書類を作成すること自体は，初心者でもできる．弁理士に支払う費用が惜しい場合は，特許庁のホームページなどを参照して，自ら出願することもできる．ただし，指定商品や指定役務を適正に指定するには経験が必要である．弁理士に支払う費用は，弁理士と顧客との話し合いにより決めることができるが，一般的には，一つの出願に基本料金として 6 万円以上かかり，区分が一つ増えるごとに 4 万 2000 円程度ずつ加算される．

出願の際には，使用する商標のほかに，**商品及び役務の区分**を指定し，商標を使用する商品や役務（サービス）も指定する必要があります．指定商品・役務の区分とは，施行規則に定められるカテゴリーを意味します．たとえば，アクセサリー（第 14 類）と衣服（第 25 類）とは，別の区分となります．出願の際に指定された個別の商品や役務を，それぞれ**指定商品**および**指定役務**とよびます．

c. 方式審査 商標登録出願は，料金が支払われているかなどの方式に関する審査が行われます．この方式を満たさない場合は，補正命令が出されます．ただし，商標が記載されていない，指定商品・役務が記載されていないといった，誰のどのような商標を出願したか不明である場合については，**補完命令**が出されます．そして，この補完命令に応じて**手続補完書**を提出した日が，出願日とされます（商 5 条の 2）．

商標登録出願の例

提出日　平成22年　6月　9日
整理番号＝１０－０７９Ｔ　　商願2010-045613　　頁：1/ 2

【書類名】　　　　　　商標登録願
【整理番号】　　　　　１０－０７９Ｔ　　←　整理番号は任意
【あて先】　　　　　　特許庁長官　殿
【商標登録を受けようとする商標】
セカイカメラ　　　　←　標章
【標準文字】　　　　　←　標準文字
【指定商品又は指定役務並びに商品及び役務の区分】
　【第9類】　←　商品及び役務の区分
　【指定商品（指定役務）】　電気通信機械器具，携帯電話機，電子計算機用プログラム（電気通信回線を通じてダウンロードにより販売されるものを含む．），写真機械器具，カメラ，家庭用テレビゲームおもちゃ，電子出版物　　｝これらは第9類に含まれる指定商品
　【第35類】
　【指定商品（指定役務）】　広告，商業に関する情報の提供，建築物における来訪者の受付及び案内，求人情報の提供，スポンサー探し，コンピュータネットワークにおけるオンラインによる広告　　｝これらは第35類に含まれる指定役務
　【第41類】
　【指定商品（指定役務）】　インターネット・携帯電話端末による通信を用いて行うゲームの提供，インターネット・携帯電話端末による通信を用いて行う画像の提供
　【第42類】
　【指定商品（指定役務）】　機械・装置若しくは器具（これらの部品を含む．）又はこれらの機械等により構成される設備の設計，デザインの考案，電子計算機のプログラム設計・作成または保守，機械器具に関する試験又は研究，電子計算機用プログラムの提供
　【第43類】
　【指定商品（指定役務）】　インターネット・携帯電話端末を利用した飲食物の提供に関する情報の提供，インターネット・携帯電話端末を利用した宿泊施設の提供の契約の媒介又は取次ぎ，イ

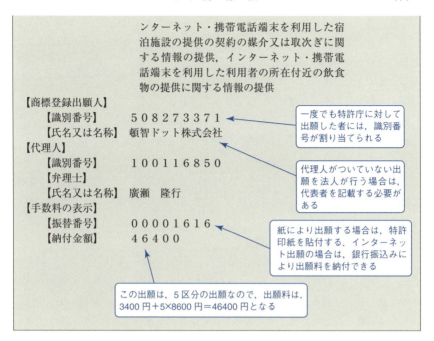

d．実体審査　実体審査では，商標登録をすべきかどうかが判断されます．実体審査をするために特許庁へ特に審査請求する必要はありません．したがって，特許庁へ特別の費用を支払う必要はありません．

たとえば以下のような商標は，実体的要件も満たさないものとして拒絶されます．

［拒絶理由1］　自己の商品・役務と他人の商品・役務とを識別することができないもの（商3条）

［拒絶理由2］　公益上の理由や私益保護の観点から商標登録を受けることができないもの（商4条）

以下，おもな拒絶理由について説明します．

［拒絶理由1に相当するケース］　下記に示したものは，自他商品の識別力または自他役務の識別力をもたないものとされ，登録を受けることができません（商3条1項）．

❶ **商品または役務の普通名称を普通に用いられる方法で表示する標章のみからなる商標（第1号）**

商品または役務の**普通名称**とは，取引業界において，その商品または役務の一般

的名称であると認識されるに至っているものをいいます．商品"アルミニウム"に標章"アルミ"などの略称や，商品"はし"に標章"おてもと"などの俗称も普通名称とされます．「普通に用いられる方法」とされているので，普通名称を特殊な飾り文字で表した場合は，普通名称とはされません．また「のみ」と規定されているので，普通名称を含む標章は，普通名称とされません．

❷ 商品または役務について慣用されている商標（第2号）

商品について慣用されている商標（**慣用商標**）とは，同業者間で普通に使用されるように至った結果，自己の商品または役務と他人の商品または役務とを識別することができなくなった商標のことをいいます（審査基準）．たとえば，商品"清酒"に標章"正宗"，役務"宿泊施設の提供"に標章"観光ホテル"などが慣用商標とされます．

❸ いわゆる"記述的商標"（第3号）

その商品の産地，販売地，品質，原材料，効能，用途，形状（包装の形状を含む），生産若しくは使用の方法若しくは時期その他の特徴，数量若しくは価格又はその役務の提供の場所，質，提供の用に供する物，効能，用途，態様，提供の方法若しくは時期その他の特徴，数量若しくは価格などを普通に用いられる方法で表示する標章のみからなる商標は，**記述的商標**として登録されません．たとえば，商品"洋服"に標章"東京銀座"などが記述的商標とされます．

❹ ありふれた氏または名称（第4号）

"ありふれた氏または名称"を普通に用いられる方法で表示する標章のみからなる商標は，識別力がないとして拒絶されます．ありふれた氏，業種名，著名な地理的名称などに，"商店"などの語を結合させたものも本号に該当します．本号に該当する例として，"広瀬商店"，"HIROSE"，などがあげられます．なお，"マツモトキヨシ"（登録商標）のように，「氏名」については，本号には該当しません．

❺ きわめて簡単で，かつ，ありふれた標章のみからなる商標（第5号）

きわめて簡単な標章のみからなる商標，またはありふれた標章のみからなる商標は，識別力がないので登録されません．たとえば，"───"（一本の直線），"△"などの図形，"球などの立体的形状"がこれに該当します．

❻ その他，需要者が，何人かの業務に係る商品または役務であることを認識することのできない商標（第6号）

商標法3条1項6号は，3条1項の"総括条項"とよばれます．すなわち，商標法3条1項1号～5号では，識別力がない商標を列記していますが，これらは3条

1項6号の識別力のない商標という概念を導き出すための規定といえます．たとえば，"コーヒーを主とする飲食物の提供"について"蘭"，"オリーブ"，"フレンド"など，特定の役務について多数使用されている店名も本号の規定に該当します．

❼ 使用による特別顕著性

商標法3条1項3号～5号に該当する商標であっても，そのような商標が使用された結果，需要者が何人かの業務に係る商品または役務であることを認識できるようになったものについては，その使用された商品または役務の，その使用した標章と同一の標章について商標登録を受けられる場合があります（商3条2項）．

たとえば，"ジョージア"は，商標法3条1項3号の規定に該当しますが，商品"コーヒー"に標章"GEORGIA"または"ジョージア"は登録されます（商標登録第2055753号，および第2055752号）．

［拒絶理由2に相当するケース］　拒絶理由1に相当せず，識別力があるとされた商標であっても，拒絶理由2に相当する場合は，商標登録を受けることができない場合があります．そのおもなケースはつぎのとおりです．

❶ 需要者の間に広く認識されている他人の商標と同一または類似の商標であって，同一または類似の商品（役務）について使用をするもの（商4条1項10号）

すなわち，商標登録出願時に，他人の周知な商標（登録されているかどうかは問わないし，商標登録出願されているかどうかも問わない）と，標章が同一または類似しており，かつその周知な商標が用いられている商品または役務と同一または類似の標章について出願した商標登録出願は，登録されません．

❷ 他人の先願に係る登録商標と同一または類似の商標であって，同一または類似の商品（役務）について使用をするもの（商4条1項11号）

他人が先に商標登録出願をし，登録されている商標と，標章が同一または類似しており，かつ登録商標の指定商品または指定役務と同一または類似する商品または役務を指定商品または指定役務とする商標登録出願は，登録されません．

標章が類似するかどうかは，標章の外観，称呼（よびな），および観念を総合的に判断します．一方，指定商品または指定役務が類似するかどうかは，**類似商品・役務審査基準**が参考になります．

❸ 他人の業務に係る商品または役務と混同を生ずるおそれがある商標（商4条1項15号）

たとえば，甲が，他人（乙）の商標と同一または類似の標章を，乙が扱う商品・

役務とは非類似の商品・役務について使用した場合であっても，その商品・役務が乙によるものであるか，または乙と経済的または組織的に関係がある何らかの者（たとえば，子会社・関連会社）によって商品・役務であると需要者が混同するおそれがある場合，本号の規定に該当します．

❹ **商品の品質または役務の質の誤認を生ずるおそれがある商標**（商4条1項16号）
"商品の品質または役務の質の誤認を生ずるおそれがある"とは，その品質または質が，商標を使用する商品または役務が有する質として需要者に誤認される可能性がある場合を意味します．たとえば，商品"ビール"に標章"○○ウィスキー"などが，本号の規定に該当します．

上記の要件を満たさない場合は，拒絶の理由が通知されます．そして，その通知に対しては，意見書や手続補正書を提出することにより対処できます．

ただし，拒絶理由のうち，"他人の"と規定される条文に関するものについては，"他人"から商標を譲渡してもらうか，"他人"に商標権を取得してもらい，その取得した商標権を譲渡してもらうことなどにより，拒絶理由を解消することができます．また，商標が登録されるために商標の新規性などは要求されません．したがって，たとえば他人が以前使用していた商標や，他人が現在使用している商標であっても商標権を取得できる場合があります．

なお，意見書や手続補正書により，拒絶理由が解消された場合であって，審査官が新たな拒絶理由を見いだした場合は，新たに拒絶理由が通知されます．これに対しては，再度意見書や手続補正書により対処することができます．ただし，意見書や手続補正書を提出しない場合や，これらによっても拒絶理由が解消されない場合は，拒絶査定となります．この拒絶査定に対しては，**拒絶査定不服審判**を請求し，権利化を目指すことができます．

> **メモ** 拒絶理由に対して適切に対処するには，熟練を要する場合がある．このような場合は，弁理士に相談するとよい．なお，出願を自分で行って拒絶理由に対する応答のみを弁理士に依頼しても，出願時の料金を含めて請求される場合がある．このような費用を含め，意見書や補正書にかかる費用は，弁理士と顧客が相談して決めることができる．一般的に弁理士による意見書の作成は，基本料金が5万5000円以上である．2区分以上の出願では区分が増えるごとに3万8000円程度が加算される．また，手続補正書は，基本料金が5万5000円以上で，補正により区分が増える場合は，区分が一つ増えるごとに4万2000円程度ずつ加算される．

拒絶査定不服審判は，審判官の合議体により審理が進行します．この拒絶査定不服審判については，特許庁に支払う特許印紙代の基本料金が 5 万 5000 円で，区分が一つ増えるごとに 4 万円ずつ加算されます（2 区分では，9 万 5000 円）．

> **メモ** 拒絶査定不服審判を請求する場合，費用の目安となる従来の標準額表によれば，弁理士費用として基本料金が 19 万円以上であり，区分が一つ増えるごとに 13 万円程度ずつ加算される．そして，審判により商標が登録された場合は，上記の弁理士費用と同額程度の成功報酬を請求する場合が多い．

なお，商標（標章）や，指定商品または指定役務を補正するためには，これらの**要旨を変更しない範囲**で補正する必要があります．補正が**要旨変更**に相当する場合は，補正が却下されます．補正が却下された場合，**補正却下不服審判**を請求できます．

e. 商標権の設定登録 拒絶理由がない場合，または拒絶理由がなくなった場合は登録査定（審判の場合は登録審決）が通知されます．この通知後，以下の登録料が納付されると商標権の設定登録が行われ，商標権が発生します．そして設定登録から 10 年間商標が存続することとなります．

商標権の設定登録料（10 年間）
2 万 8200 円 × 区分の数 ［円］

また，5 年間分だけ納付する**分割納付制度**を利用することもできます．その場合は，1 万 6400 円×区分の数（円）を特許庁に納付することになります．分割納付制度を利用した場合，後半の 5 年分の登録料も 1 万 6400 円です．したがって，分割納付制度を利用した場合は，10 年間の存続期間に対して 3 万 2800 円×区分の数（円）を支払うことになります．

> **メモ** 弁理士に出願を依頼した場合は，一般的に成功報酬を請求される．この額は，審決による場合を除くと，4 万 5000 円＋3 万 1000 円×（分類数−1）［円］以上が通常である．

f. 商標権存続期間の更新　商標権の存続期間は，原則として設定登録日から10年間です．また，10年以降は一定期間内に，商標権者が登録を更新するための申請をし，申請と同時に以下の登録料が特許庁に納付されれば，その商標権をさらに10年間ずつ何度でも更新することができます（図7・7）．

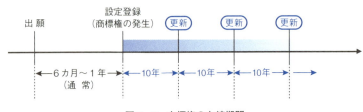

図7・7　商標権の存続期間

商標権の存続期間の**更新登録申請**は，存続期間の満了前6カ月から満了日までに申請できます．一方，この期間を過ぎた場合でも，商標権の満了日から6カ月以内であれば，更新に要する登録料のほかに**更新登録料**と同額の**割増登録料**を支払うことで商標権の存続期間を更新できます（図7・8）．

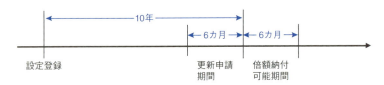

図7・8　商標権の更新登録料

なお，この6カ月をさらに過ぎた場合は，改めて商標登録出願をし直せば，新たに商標権を取得できる可能性があります．

――― **商標権の更新登録料（10年間）** ―――
3万8800円 × 区分の数［円］

この更新登録料も分割納付制度があります．5年間の登録料は1区分当たり2万2600円です．

g. 登録までにどのくらいの期間がかかるか　出願してから登録になるまでの期間は，内容や出願分野の状況によってバラつきがあります．通常は，半年〜1年程度です．ただし，審判を請求した場合など，登録までに1年以上かかることもあります．

h. 登録商標を使わなくてもよいか　登録商標は必ずしも使用する必要はありません．しかし，登録後3年以上使用しないと，第三者から**不使用取消審判**を請求される場合があります（商50条）．

i. 登録商標の取消しなど　登録商標は，**商標登録異議申立**，**商標登録無効審判**，および**取消審判**などにより，登録が取消し等される場合があります．

コラム　商標の"シャネル"を試験問題に記載できるか

設　問

　シャネル社は，標章"シャネル"についての登録商標第1977772号の商標権者である．標章"シャネル"について商標登録がなされているにもかかわらず，教師が試験問題に"シャネル"と記載することは，商標法上問題がないか．

解　答

　［結　論］　問題ない．

　［理　由］　商標権者は，指定商品または指定役務について登録商標の使用をする権利を専有する（商標法25条）．また，指定商品または指定役務に類似する商品もしくは役務についての登録商標若しくはこれに類似する商標の使用は，商標権の侵害とみなされる（同法37条1号）．

　"シャネル"という標章を用いたのは，"試験問題"についてである．一方，登録商標第1977772号の指定商品は"被服等"である．"試験問題"と，"被服等"とは，同一でなく，また，提供場所や需要者などが異なるため類似でもない．

　そもそも，商標の使用とは，商標の諸機能を発揮させる行為を意味し，試験問題に"シャネル"と記載しても，その記載は商標の諸機能を発揮しない．

　したがって，試験問題に"シャネル"と記載することは，商標法上問題ない．

7・4　不正競争防止法：営業秘密について

7・4・1　はじめに

"営業秘密を漏らすと罰せられる"．これは，研究者であれば誰もが知っていることです．営業秘密を漏らした場合は，損害賠償などの対象となるばかりではなく，

刑事罰の対象となることもあります．では，どのような情報が営業秘密なのでしょうか．研究者や企業人は，何が営業秘密であるかについて，しっかりと把握しておかなければなりません．

また，ある情報をきちんと管理しなければ，その情報が企業にとって重要な情報であっても営業秘密になりません．したがって，企業の経営者は，どのように情報を管理すれば，その情報が**営業秘密**になるかについて理解する必要があります．

なお，営業秘密は，**不正競争防止法**（不競法）に規定されています[*5]．

7・4・2 不正競争防止法について

産業財産権法は，出願に基づいて特許権などの"なわばり"を作り出す法律でした．一方，不正競争防止法は，"○○してはいけない"といったように，所定の行為を不正競争などとして禁止する法律です．したがって，たとえば，ある情報が営業秘密となるためには，出願などをする必要はありません．情報が，ある一定の要

> **コラム** 経済スパイ法（economic espionage act of 1996）
>
> 理化学研究所の元研究員がDNAと細胞系の試薬などを窃取したケースや，日本人と中国人が米国ハーバード大学医学部から遺伝子を窃取したケースは，研究者の記憶に新しいところです．前者のケースについて，東京高等裁判所は，"本件は，逃亡犯罪人を引き渡すことができない場合に該当する"として，身柄を米国に引渡さないという判決を下しました（東京高裁平成16年3月29日判決（事件番号：同平成16年（て）第20号））．これによって元理研研究員は，東京拘置所から釈放されました．これらは，米国の"経済スパイ法"に基づく事例で，日本人が関与したケースです．
>
> "経済スパイ法"は，1996年に米国クリントン大統領がサインし，成立した法律で，おもに二つの部分から構成されています．その一つは，外国（米国以外の国）の利益のために他人の営業秘密を不正に入手などする行為を"経済スパイ活動"として，刑事罰（経済スパイ罪）を適用するものです．もう一つは，民間・私人などの経済的利益のために他人の営業秘密を不正に入手などする行為を商業的営業秘密の窃取などとして，刑事罰を適用するものです．個人に対して禁固刑や罰金刑が科され，組織に対しても罰金刑が科されます．なお，経済スパイ罪の場合，最大で15年の禁固刑が科せられます．

[*5] 不正競争防止法は，営業秘密以外にもさまざまな不正競争行為や禁止行為を扱う法律である．本書では，知的財産権法の規定のうち研究者や企業人が特に必要なものに絞って解説する．

件を満たせば，営業秘密となります．そして，その情報に対して一定の行為がなされた場合に不正競争行為とされます．不正競争防止法は，不正競争を防止することにより，公正な競争秩序を維持し，それにより国民経済が健全に発展することを目的とする法律です（不競法1条）．

7・4・3 どのような情報が営業秘密か

代表的な"営業秘密"に関する事件は，顧客名簿の流用事件や，ノウハウの漏洩事件です．すなわち，顧客名簿やノウハウは，一般に**営業秘密**とされます．営業秘密であるためには，

❶ 秘密として管理されていること（**秘密管理性**）
❷ 事業活動に有用な技術上または営業上の情報であること（**有用性**）
❸ 公然と知られていないものであること（**非公知性**）

の三つの要件が必要とされます（不競法2条6項）．以下では，それら三つの要件について説明します．

a．秘密管理性　"ある情報が秘密管理性を満たす"とは，情報の保有者がその情報を秘密としており，その情報が秘密として管理されていることを第三者が認識できることを意味します．企業内での研究内容については，就業規則により通常守秘義務があります．したがって，企業内での研究内容に対して，一般的に秘密管理性が認められます．媒体に記憶された情報を，どのように管理すれば秘密管理性を満たすかは，情報の種類（ノウハウなどの技術情報秘密かそれ以外か），情報が記憶される媒体（紙媒体か電子媒体か），営業秘密の保有者の規模などによって異なります．

一般的には，ノウハウのような必ずしも媒体を必要としないものは，㊙などの記載がなくても秘密管理性を満たすとされる場合があります．紙媒体の情報であれば，その紙媒体に"秘密"または㊙などと記載し，施錠するなどして他人の目に触れない場所にその紙媒体を管理している場合は，秘密管理性が認められるでしょう．また，サーバーなどのように多くの者が閲覧できる電子媒体に情報が記憶されている場合，その情報にアクセスできる者が制限されている必要があります[*6]．

[*6] 顧客データを，メインコンピュータに記憶させたケースについて，東京地裁平成14年4月23日判決は，"秘密として管理されているというためには，当該情報にアクセスした者が当該情報は営業秘密であることを認識できるようにしていること，当該情報にアクセスできる者が制限されていることが必要である"とし，情報の秘密管理性を否定した．

b．有用性 ある情報が有用性を満たすためには，その情報が事業活動に有用な情報でなければなりません．製造，販売，研究開発などに有用な情報は，基本的にはすべて"有用性"を満たすといえます．たとえば，上記の顧客名簿やノウハウは，事業活動に有用です．また，研究の失敗例に関する情報（ネガティブインフォメーション）も，不必要な重複労力を避けることができるので，有用性が認められます．ただし，企業が脱税をしているといった情報や企業が廃棄物の不法投棄をしているといった情報などは，これらの情報を秘密にしておくと事業活動上メリットがあるかもしれませんが，有用性が認められません．不正競争防止法の目的は，事業者間の公正な競争秩序を促進するというものですが，それらの情報を保護することは，法目的に沿わないからです．

c．非公知性 ある情報が非公知であるとは，情報が"保有者の管理下以外では，一般に入手できない状態にあること"を意味します[*7]．すなわち，情報が一般に流出していないことを意味します．ある情報が多数の者に知られたとしても，その情報を知った者が守秘義務を負えば，その情報は非公知であるといえます．また，公知のデータの集合であっても，非公知とされる場合があります．たとえば，顧客名簿は，名簿に記載される氏名や住所などのデータそのものは公知であっても，その集合である顧客名簿は非公知とされる場合があります．なお，特許公開公報が発行された発明そのものは，公知であり，営業秘密ではありません．また，学会発表された情報も，公知であり，営業秘密ではありません．

7・4・4 適用除外

通常の注意を払った上で，営業秘密を取引によって取得した場合は，その取引によって取得した権原の範囲内で，営業秘密を使用することや第三者に開示することができます（不競法19条）．これにより，通常の注意力をもって営業秘密に関する契約を結べば，その営業秘密が不正に取得されたものであっても，その営業秘密を使用し続けることができます．ただし，取得した権原の範囲内に限られるので，たとえば，契約で営業秘密を1年間使用することを認めるとされていた場合，その期間を超えて営業秘密を使用すると，不正競争とされます．

[*7] 通商産業省知的財産政策室監修，"営業秘密 逐条解説改正不正競争防止法"，60頁，有斐閣（1990）．

7・4・5 営業秘密侵害罪

　営業秘密を漏洩する行為などは,刑事罰(**営業秘密侵害罪**)の対象となり得ます．罰則は,10年以下の懲役または2000万円以下の罰金(またはこれの併科)です．近年,改正により営業秘密に関する不正競争行為の刑事罰が強化されました．営業秘密の不正な取得および使用が一定要件の下に刑事罰の対象となるのみならず,たとえば,従業者等による営業秘密の領得等についても刑事罰が導入されました．営業秘密侵害罪については,国内で管理されていた営業秘密を海外で使用または開示した場合(**営業秘密の国外犯**)も刑事罰の対象とされます．

7・4・6 周知表示混同惹起行為

　需要者に広く認識されている他人の**商品等表示**と同一または類似の表示を使用等して,その他人の商品や営業と混同を生じさせる行為は,不正競争行為(**周知表示混同惹起行為**)とされます(不競法2条1項1号).「惹起」とは,惹き起こすことを意味します.

　たとえば,「たまごっち」が需要者に広く認識されており(周知),これと類似した「ニュータマゴウォッチ」を付した携帯型ゲーム機を販売等する行為が,周知表示混同惹起行為とされました．この場合,「たまごっち」は,携帯型ゲーム機に用いられ商品の出所を示すものですから**商品等表示**に相当します．**周知表示混同惹起行為**に対しては,一定要件下,差止請求することもできますし(不競法3条),過去の損害については損害賠償請求をすることもできます(不競法4条)．また,不正の目的をもって,周知表示混同惹起行為を行った場合は,刑事罰の対象とされることもあります．

　「たまごっち」が商標登録されている場合であって,指定商品に携帯型ゲーム機やこれに類似する商品が含まれていれば,「たまごっち」が需要者に広く認識されているか否かによらず,商標権侵害とすることができます．一方,仮に「たまごっち」が商標登録されていなくても,「たまごっち」が周知であれば,相手の「ニュータマゴウォッチ」を付した携帯型ゲーム機を販売等する行為を止めさせ,さらに損害賠償を請求できる可能性があります．なお,商品等表示は,商品や営業の出所を示すものであればよいので,標章より広い概念です．つまり,商標法により保護されない表示をも,周知表示混同惹起行為により捕捉することができる余地があります．周知表示混同惹起行為は,つぎに説明する著名行為冒用行為と合わせて,商標法の補完的な役割があるといえます．

7・4・7　著名行為冒用行為

　周知表示混同惹起行為は,「他人の商品や営業と混同を生じさせる」ことが要件の一つでした．しかし,海外有名ブランドなどの著名な表示を使用する行為などは,混同を生じさせるおそれがなくても止めさせることが望ましいといえます．たとえば,香水や衣服で有名なブランド名を,香水等とまったく関係がないサービス(たとえば,居酒屋の名前)に用いた場合,需要者は必ずしも混同しないかもしれません．しかし,そのような行為は,著名な表示のイメージを損なうおそれがあります．そこで,他人の著名な商品等表示と同一または類似するものを使用等する行為は,不正競争行為(**著名行為冒用行為**)とされます(不競法2条1項2号)．著名行為冒用行為に対しても,一定要件下,差止請求や損害賠償請求が認められます．また,不正の利益を得る目的等で著名行為冒用行為を行った場合は,刑事罰の対象とされることもあります．

7・4・8　商品形態模倣行為

　他人のある商品が販売されてから3年以内である場合,その商品の形態を**模倣**した商品を譲渡等する行為は,一定要件下に不正競争行為(**商品形態模倣行為**)とされます(不競法2条1項3号)．商品の形態を模倣したといえるためには,商品の形態に依拠したことと,その商品の形態と実質的に同一の形態を有することを主張・立証する必要があります．商品形態模倣行為に対して,一定要件下,差止請求や損害賠償請求が認められます．また,不正の利益を得る目的等で商品形態模倣行為を行った場合は,刑事罰の対象とされることもあります．

　ある商品の形態に関する意匠について意匠登録がなされていれば,模倣の有無を問わず,その意匠と同一または類似する意匠を有する製品等を製造販売する行為を意匠権侵害として抑えることができます．一方,商品形態模倣行為は,意匠権が存在しなくても,相手の行為を抑えることができます．

7・4・9　誤認惹起行為(原産地等誤認惹起行為)

　商品,サービスおよびその広告などに,原産地,品質等について誤認させるような表示をする行為などは,一定要件下に不正競争行為(**誤認惹起行為**)とされます(不競法2条1項14号).そして,不正の目的をもって誤認惹起行為を行った場合は,刑事罰の対象となります．

7・4・10 信用棄損行為（虚偽事実の告知・流布行為）

競争関係にある他人の侵害を害する虚偽の事実を告知し，または流布する行為は，一定要件下に不正競争行為（**信用棄損行為**）とされます（不競法2条1項15号）．

たとえば，特許権者が，競合他社の製品が自らの特許権を侵害している旨を，相手の取引先に通知した後に，その特許が無効になった場合や，他社の製品が特許権を侵害していないことが明らかになった場合は，信用棄損行為とされるおそれがあります[*8]．

7・4・11 信用回復措置請求権

不正競争により営業上の利益が損なわれた場合，損害賠償にかえてまたは損害賠償とともに，営業上の信用を回復するのに必要な措置を請求することができます（不競法14条）．

7・5 著作権法

7・5・1 はじめに

論文や説明資料を作成する場合，他人の論文や図表を利用します．このような作業は日常的に行われています．その際，"著作権を侵害するかもしれない"と思うことはよくあるはずです．そして，著作権の侵害に該当すれば，差止請求や損害賠償の対象ともなりえます．特に特許権など産業財産権の場合は，事業として実施または使用した場合に権利の侵害となりました．しかし，著作権の場合は，個人的に著作物を利用した場合であっても侵害とされます．したがって，どのような行為が著作権の侵害となるのかを一人一人がしっかり理解する必要があります．

7・5・2 著 作 物

a. 著作物の要件 どのようなものが著作物といえるのでしょうか．よく知られているように，小説，絵画，彫刻，音楽やデザインなど，創作者の個性が現れるものは著作物となります．

著作権は，著作物が創作された時点で発生する権利です．ですから，著作権が発

[*8] 警告と信用棄損行為については，廣瀬隆行，"知的財産権侵害に関する警告"，知財管理，Vol.57, No.6 p.929（2007）を参照．

生するためには，出願や登録は必要ではありません．

著作物は，「思想または感情を創作的に表現したものであって，文芸，学術，美術又は音楽の範囲に属するもの」と定義されています（著2条1項1号）．すなわち，著作物であるためには，以下の要件が必要とされます．

❶ "思想または感情" を表現したものであること

著作物は，"思想または感情" を表現したものなので，"事実" は著作物ではありません．たとえば，"東京タワーの高さが333 m" ということは，事実ですから著作物ではありません．著作物でなければ，それを自由に利用できます．したがって，著作物の中から事実を抽出して用いても，著作権の侵害にはなりません．

たとえば，"文献〇〇には，～が記載されている"，"甲らは，～が～であることを見いだした（引用文献）" といったように，ある論文に書かれている事実に言及することは，著作権の侵害とはなりません．ある論文に開示されている事実を自分なりにまとめて図表を作成することは，その論文に開示された事実を利用したのみなので，通常著作権の侵害とはなりません[*9]．

なお，事実の集合であっても，その素材の選択などに個性があれば，編集著作物やデータベースの著作物とされる場合があります（著12条，同12条の2）．

❷ "創作的" に表現したものであること

著作物は，"創作的" に表現したものです．したがって，著作者の創意工夫により何からの**個性**が現れているものは，著作物となります．他人の著作物を模倣したものであって，創作者の個性が出ないものは著作物ではありません．

❸ "表現したもの" であること

著作物は，"表現" したものなので，抽象的なアイデアそのものは著作物ではありません．たとえば，ある論文に物質Aの製造方法が開示されていた場合，その製造方法そのものは著作物ではありません．したがって，その製造方法に従って物質Aを製造しても，著作権の侵害にはなりません．一方，その論文に開示された装置の図表を，その論文自体を無断でコピーして販売した場合は，著作権の侵害になります．他人が，無断でその物質Aの製造方法を実施する事態を防止するか，その製造方法を利用する第三者から実施料をもらうためには，特許出願をして特許

[*9] ただし，他人の論文に開示された著作物を改変して用いる際に，表現された個性が残るときは，同一性保持権の侵害，著作物の利用，および二次的著作物の創作と判断される場合がある．これらの場合は，著作者などから著作物の利用を許諾してもらわなければならない．

を取得するのが一般的です．

著作物は，"表現したもの"であって，"表現した物"ではありません．すなわち，著作物は，具体的な物（有体物）に限られません．たとえば，講演は，演者の個性が表現されたものなので，録音されていなくても著作物となります[*10]．

❹ "文芸等の範囲に属する"ものであること

著作物は，"文芸，学術，美術または音楽の範囲に属する"ものなので，純粋工業製品は著作物ではないとされます．しかし，文芸，学術，美術または音楽のいずれの範囲に属するかについては厳格に判断する必要はありません．

以上の要件を満たすものは，著作物とされます．たとえば，子供が描いた絵や即興で作られた音楽も著作物とされます．

プログラムもプログラムの著作物として，著作権法により保護されます．著作物の保護対象は，あくまで表現されたものですので，プログラム言語，アルゴリズムや規約は著作物とはなりません．そうではなくて，実際に作成されたプログラムそのものが著作物として著作物となりえます．著作物は，著作権法第10条に例示されています．

b．二次的著作物　たとえば，小説を脚本化した場合，その脚本も著作物（二次的著作物）となります．二次的著作物とは，ある著作物に新たな創作性を加えたものです（著2条1項11号）．

この場合，小説家は，その脚本に関して脚本家と同様の権利を有します．すなわち，その脚本に基づいて映画を製作する場合は，脚本家のみならず小説家の承諾も必要になります．

c．編集著作物・データベースの著作物　百科事典のような編集物は，収録内容の選択や配列に創作性があれば，**編集著作物**とされます(著12条)．たとえば，職業別電話帳に収録された氏名（名称）や住所，電話番号は，事実であり著作物ではありません．しかし，どのような職業を選択するかというところに創作性が出る場合は，編集著作物とされることがあります．この場合でも，職業別電話帳に収録されている事実は自由に利用できます．編集著作物の創作性のある部分を再現した場合に編集著作物にかかわる著作権の侵害とされます．なお，論文集のように，それぞれの収録内容自体が著作物であっても，<u>収録内容の選択や配列に創作性</u>があれ

[*10] ただし，映画の著作物に該当するためには，通常固定（再現可能な状態で媒体に記録されていること）されている必要がある．

ば，論文集全体としても，編集著作物となります．情報の選択や体系的構成に創作性が認められるデータベースは，**データベースの著作物**とされます（著12条の2）．

d．自由に使える著作物　憲法や法令，裁判所の判決などは，著作物に該当しても自由に利用できます（著13条）．したがって，本書のように判例や法律を引用することは，著作権を侵害しません．

7・5・3　著　作　者

a．誰が著作者か　著作物を創作する者が，原則として**著作者**となります（著2条1項2号）．従業員が職務上創作した著作物は，原則として企業が著作者となります（著15条）．映画の著作物（著10条1項7号）では，プロデューサーや監督など"その映画の著作物の全体的形成に創作的に寄与した者"が著作者となります（著16条）．なお，映画の著作物の"著作権者"は，一般的には映画製作者です（著29条）．

b．共同著作物　複数の者が共同で著作物を創作した場合，その著作物は"共同著作物"とされ，全員が著作者となります．共同著作物といえるためには，その著作物を共同で創作する共同創作性と，それぞれの著作者の寄与分を分離して個別的に利用できない分離利用不可能性が必要とされます（著2条1項12号）．

共同著作物については，原則として全員が共同でその権利を行使します（著65条）．たとえば，ある共同著作物を利用するためには，著作者全員の同意が必要です．

たとえば，第1章と第2章をA氏が執筆し，第3章から第5章までをB氏が執筆した本は，A氏とB氏が共同してその本を創作したとしても，それぞれの章を分離して利用できますので，共同著作物とはなりません．この場合は，"編著"のようになります．

c．職務著作（法人著作）　従業員が職務上著作物を創作した場合，原則として雇用者である企業が著作者となります（著15条）．すなわち，

❶ 法人等の発意に基づいて，
❷ 法人等の業務に従事する者が，
❸ 職務上作成する著作物であって，
❹ 法人等が自己の著作の名義の下に公表するものの著作者は，
❺ 著作物の作成時の契約等において個人の著作とする等の別段の定めがない限り，その法人等となります．

上記の要件で"法人等の発意に基づいて"とありますが，従業員が提案し，法人側が了解した場合もこの要件を満たします．また，"公表するもの"なので，創作した著作物を公表する予定があればすでに職務著作に該当し，公表後である必要はありません．

なお，**プログラムの著作物**の場合にあっては，上記の❹の要件を満たさない場合であっても，法人等が著作者とされます（著15条2項）．

d．映画の著作物 映画の著作物の著作者は，原則として，制作，監督，演出，撮影，美術等を担当して，映画の著作物の全体的形成に創作的に寄与した者とされます（著16条）．映画会社が，社員だけで映画を製作した場合は，法人著作物（著15条）に相当します．一方，映画会社が，外部の監督等に依頼して映画を製作した場合，原則として，映画の著作物に関する財産権はその映画会社に帰属し（著29条），著作者人格権はその映画監督に帰属します．

7・5・4 著作者の権利の内容

a．著作者の権利の概要 著作者の権利は，著作物が完成すると同時に発生します．したがって，著作権者となるために特に出願や登録をする必要はありません．著作者の権利は，**著作者人格権**と**著作権**（財産権）の二つに分かれます[11]．**著作権の保護期間**は，著作物を創作したときに始まり，原則として著作者の死後50年までです[12]（著51条）．著作者人格権は，譲渡できません．一方，著作権は，権利の一部または全部を譲渡できます（著61条）．そして，第三者が，正当な理由または正当な権原なく，著作物を利用した場合，著作権の侵害とされます．

> **メモ** たまたま知らずに同じような著作物を創作した場合は，著作権の侵害とされない[13]．特許権の場合は，他人がその特許発明を知らなくても特許権の侵害となった．この点で，著作権と特許権は相違する．

---

[11] 著作者人格権と著作権（財産権）をまとめて（広義の）"著作権"ともよぶ．
[12] 映画の著作物など一定のものについては，存続期間は公表後70年まで続く．
[13] 最高裁昭和53年9月7日判決"ワン・レイニー・ナイト・イン・トーキョー事件"（事件番号：同昭和50年（オ）第324号）では，他人の著作に依拠せず，別個に著作物を創作した場合は，その他人の著作物の著作権を侵害しないと判断した．

著作権の侵害に対しては，差止請求，損害賠償請求，不当利得返還請求などの民事的救済が認められます．また，一定の場合，著作権の侵害は刑事罰の対象となります．

b．著作者人格権　著作者人格権は，**公表権，氏名表示権**および**同一性保持権**からなります．

公表権は，未公表の著作物を公表するか，公表する場合にはどのように公表するか決めることができる権利です（著18条）．著作物は，著作者の思想または感情を表現したものなので，著作者がそれを公表するかどうかを決められるのです．したがって，未公表の著作物を無断で公表することは，公表権の侵害となります．

氏名表示権は，著作物に名前をつけるか，名前をつけるとしたらどのような名前をつけるか（ペンネームにするか本名にするかなど）を決めることができる権利です（著19条）．

同一性保持権は，題名や著作物の内容を無断で改変されない権利です（著20条）．したがって，他人の論文から文章などの著作物を抜き出して用いる場合は，"そのまま"引用しなければなりません．引用の仕方については§7・5・5bで解説します．

著作者人格権の侵害に対しては，差止請求や損害賠償のみならず，名誉回復措置を請求できます（著115条）．

c．著　作　権　著作権は，**支分権**とよばれる複数の権利からなります．すなわち，著作権は，複製権，"著作物を公に伝えることに関する権利"（上演権・演奏権，上映権，公衆送信権・伝達権，口述権および展示権），"複製物などを配ることに関する権利"（頒布権，譲渡権および貸与権），"二次的著作物に関する権利"に分けられます．複製権など各支分権の内容を簡単に説明すると，"○○権者だけが○○でき，他人に無断で○○させない権利"です．支分権の一部だけを譲渡することもできます（著61条）．

❶ **複製権**（著21条）　ここで，複製とは，ある著作物を，有形的に再製することを意味します（著作権法2条1項15号）．要するに，複製権は，著作物を他人に無断でコピーさせない権利です．複製したというためには，内容の同一性と，ある著作物に依拠したことが必要です．したがって，たまたま同じような著作物を創作した場合は，複製権の侵害とされません．この点で，特許権と相違します．ある著作物を演奏する場合のように形を伴わずに著作物を再製する場合は複製に該当しません．ただし，公に演奏する場合は，演奏権（著22条）の対象となります．

> **コラム** 法政大学懸賞論文事件
> 〔東京高裁平成3年12月19日判決（事件番号：同平成2年(ネ)第4279号)〕
>
> 　著作権法では，同一性保持権という権利を認めており，著作者はその意に反して改変を受けないものとされています（著20条1項）．一方，著作物の性質ならびにその利用の目的および態様に照らしてやむをえないと認められる改変については，同一性保持権の侵害とはされません（著20条2項各号）．
> 　<u>指導教官が，学生の論文を手直しする</u>といったことはよく行われます．それでは，指導教官の行為は，同一性保持権の侵害となるのでしょうか．それともやむをえない改変として同一性保持権の侵害とされないのでしょうか．
> 　この点について，法政大学懸賞論文事件が参考となります．この事件では，法政大学の卒業生であるXが，法政大学の通信課程での研究内容をまとめて論文にしました．法政大学は，その論文の一部を改変し，雑誌「法政」に掲載しました．
> 　この事件で裁判所は，1) 原文の一部を削除し，2) 送り仮名の付け方を，国語審議会が定める送り仮名の付け方にしたがって修正し，3)「…，等」を「…等」と修正し，4)「…」・「…」を「…」，「…」と修正し，5) 注釈中の改行を行わない部分があるなどの点について，同一性保持権の侵害とし，損害賠償請求を認めました．
> 　著作権法20条2項4号に規定する"やむをえない改変"が，どのような状況におけるどの程度までの改変を意味するのかは，必ずしも明確ではありません．しかし，他人の著作物に修正を行う場合などは，同一性保持権を侵害しないように注意する必要があります．したがって，指導教官が学生などの論文を修正する場合でも，勝手に修正するのではなくて，修正箇所を指摘した上で，学生に修正を行わせることが望ましいといえます[*14]．

　なお，ソフトウェアを正規に購入等したプログラムの著作物の所有者は，そのソフトウェアのバックアップ用コピーをとっても，複製権の侵害とはされません（著47条の2）．ただし，バックアップ用以外の目的でそのソフトウェアを使用した場合は，複製権の侵害とされます（著49条）．

　❷ **上演権，演奏権**（著22条）　　上演，演奏権は，著作物を公衆に直接見せ，または聞かせることを目的として上演，演奏を独占排他的に行うことができる権利です．上演や演奏には，生演奏のほか，録音録画物の再生も含みます（著2条7項）．このため，レコードやCDを再生することも上演または演奏に該当します．

[*14] ただし，著作物を改変することが慣行である場合は，著作物を改変した場合であっても同一性保持権を侵害しないとした判決もある（たとえば，東京高裁平成10年8月4日判決（事件番号：同平成9年(ネ)第4146号）を参照）．

ただし，個人的に音楽を楽しむことは，"公衆に直接見せ，または聞かせることを目的"としないので，上演権や演奏権の侵害となりません．

一方，営利を目的とせず，聴衆等から料金を受けない場合であって，上演者等に報酬が支払われないときは，公表された著作物を上演等しても，上演権の侵害となりません（著38条）．

❸ **上映権**（著22条の2）　上映権は，著作物を，公衆に直接見せ，または聞かせることを目的としてスクリーン上やディスプレイ画面上に映し出す権利です．

❹ **公衆送信権，伝達権**（著23条）　公衆送信権は，公衆に対して著作物を有線送信または無線送信する権利です．テレビ，ラジオ，有線のみならず，インターネットに著作物をアップロードする行為も公衆送信権に含まれます．したがって，他人の著作物を，自らのホームページのコンテンツとして無断で利用することは，公衆送信権の侵害となります．

伝達権は，公衆送信される著作物を受信装置を用いて公に伝達することに関する権利です．

❺ **口述権**（著24条）　口述権は，言語の著作物を口頭で公に伝達する権利です．"口述"には，直接口頭で朗読する行為のほか，朗読された著作物を録音して再生する行為や，スピーカーなどを用いて伝達する行為も含まれます（著2条7項）．

❻ **展示権**（著25条）　展示権は，美術の著作物と未発行の写真の著作物のみに認められ，それらの原作品を公に展示することに関する権利です．

❼ **頒布権**（著26条）　頒布権は，映画の著作物について，有償無償を問わず，映画の著作物の複製物を譲渡または貸与する権利です．

❽ **譲渡権**（著26条の2）　譲渡権は，映画の著作物を除く著作物について，その原作品または複製物を譲渡することにより公衆に提供できる権利です．なお，一度，著作物が適法に譲渡された後は，譲渡権が消尽するので，その著作物に譲渡権が及ばなくなります（著26条の2第2項各号）．

❾ **貸与権**（著26条の3）　貸与権は，映画以外の著作物の複製物を貸与により公衆に提供することに関する権利です．

❿ **翻訳権・翻案権等**（著27条）　翻訳権および翻案権は，ある著作物（原著作物という）に基づいて，翻訳，編曲，変形または翻案して二次的著作物を創作する権利です．なお，この翻案には，要約も含むと解釈されています[15]．すなわち，

---

[15]　たとえば，東京地裁平成6年2月18日判決（事件番号：同平成4年（ワ）第2085号）を参照．

著作者だけが著作物を要約することができ，著作物を要約して利用するためには，本来著作者の許諾が必要なのです．

❶ **二次的著作物に関する許諾権**（著28条）　二次的著作物の元となった原著作物の著作者（原著作者）は，その二次的著作物を他人が利用することについて，その二次的著作物の著作者が有する権利（著作権の各支分権）と同様の権利を有します．たとえば，ある小説をもとに脚本が作成され，それを映画化する場合，脚本家のみならず小説家の許諾も必要となるのです．

著作権（財産権）は，譲渡できます（著61条1項）．しかし，著作権を譲渡する旨の契約において，単に著作権をすべて譲渡するとする旨の記載があっても，翻訳権・翻案権および二次的著作物に関する許諾権が特別に明記されていなければ，これらの権利は譲渡されません（著61条2項）．ですから，翻訳，翻案，二次的著作物の創作を行うことが予定されている場合は，これらの権利も合わせて譲渡される旨を契約に特記します．なお，著作権を譲り受けた場合は，登録制度を利用して，移転等の登録を行うことが望ましいといえます．

7・5・5　制限規定：私的使用と引用について

著作権法は，文化の発達などを目的とする法律です．そこで，一定の場合は，著作権の効力を制限して，著作物の利用を促進しています（著30条〜50条）．以下では，私的使用のための複製（著30条1項）と引用（著32条）について説明します．

a. 私的使用のための複製　私的使用のための複製について著作権法では以下のように規定されています．

> 【著作権法第30条（私的使用のための複製）】　著作権の目的となっている著作物（以下この款において単に「著作物」という．）は，個人的に又は家庭内その他これに準ずる限られた範囲内において使用すること（以下「私的使用」という．）を目的とするときは，次に掲げる場合を除き，その使用する者が複製することができる．（以下省略）

個人的または家庭内のように，限られた範囲での使用（私的使用）を目的とする場合は，著作権者の許諾を得なくても，著作物を複製できます（著30条1項）．

たとえば，テレビ番組を個人的に楽しむために録画する場合や，個人的趣味で本の詩を書き写すことは複製権の侵害とはなりません．また，個人的に勉強するため

に，英語をテキストからノートに書き写しても複製権の侵害とはなりません．私的使用の範囲には，少人数の友人間で使用する場合なども含まれると解釈されています．しかし，会社内で業務上利用する目的で複製する場合は，私的使用の範囲には含まれないと解釈されています．

コピーをすることができないように**コピープロテクション**がかかっている著作物について，コピープロテクションを解除したうえでその著作物を複製した場合，私的使用であっても，複製権の侵害となります．

b．引　用　　著作物は，引用して利用することができます．著作権法では，引用について以下のように規定されています．

【著作権法第32条（引用）】　公表された著作物は，引用して利用することができる．この場合において，その引用は，公正な慣行に合致するものであり，かつ，報道，批評，研究その他の引用の目的上正当な範囲内で行なわれるものでなければならない．
　2　国若しくは地方公共団体の機関又は独立行政法人が一般に周知させることを目的として作成し，その著作の名義の下に公表する広報資料，調査統計資料，報告書その他これらに類する著作物は，説明の材料として新聞紙，雑誌その他の刊行物に転載することができる．ただし，これを禁止する旨の表示がある場合は，この限りでない．

---

❶ 公表された著作物の引用（著32条1項）

公表された著作物は，公正な慣行に合致し，引用の目的上正当な範囲内で行われることを条件として，引用して利用することができます．この場合には，著作物を利用するために，著作者や著作権者に許諾をとる必要はありません．

"公表された著作物"とされるためには，著作物が公知になっただけでは足りず，相当程度の部数が発行されるなどしたものでなければなりません（著4条）．

> **メモ** したがって，発行される前の論文を他人から見せてもらった場合に，その論文から著作物を引用することは，著作権法32条に規定する引用に該当しない．

引用することが"公正な慣行に合致"するかどうかは，社会通念にしたがって個々の案件ごとに判断されます．たとえば，他人の見解を批評するために他人の論文の該当箇所を引用することは，一般的に公正な慣行に合致するといえるでしょう．

引用は，"正当な範囲内"で行われなければなりません．この正当な範囲内について，判例は，引用する側の著作物と，引用される側の著作物とが明瞭に区別して認識できること，前者が主で後者が従の関係にあること，引用されている著作物の著作者人格権を侵害しないことが必要であるとしています[*16]．したがって，論文を書く際に他人の文章を引用する場合は，かぎ括弧を用いるなどして，引用部分と引用部分でない部分とを明確に区別します．他人の論文中の図表を引用する場合も，その図表が引用されたものであることを明確にする必要があります．さらに，自らの著作物がメインでなければなりません．したがって，"以下，夏目漱石の坊ちゃんの全文を引用する"などとして，"坊ちゃん"の全文を引用することは，許されません．また，引用して利用する場合，同一性保持権を侵害してはならないので，他人の著作物を無断で改変することはできません．したがって，他人の著作物を引用する際は，通常手を加えずに"そのまま"用います．

さらに，著作権法32条1項の"引用"に該当するためには，引用する側が著作物でなければならないと解釈されています．たとえば，絵画などの著作物を紙に単に印刷して"○○展"のチケットとするものは，そのチケットに新たな個性が出ないので著作物にはなりません．したがって，そのような引用は認められません[*17]．

❷ 国等の資料の転載（著32条2項）

国等が一般に周知させることを目的として作成し，その国等の名義で公表した資料等は，転載禁止の表示がないかぎり，説明材料として新聞や雑誌はもちろん，論文や著書に転載できます．

[*16] 最高裁昭和55年3月28日大法廷判決"パロディ・モンタージュ写真事件"（事件番号：同昭和51年（オ）第923号）では，引用の正当な範囲について，「引用にあたるというためには，引用を含む著作物の表現形式上，引用して利用する側の著作物と，引用されて利用される側の著作物とを明瞭に区別して認識することができ，かつ，両著作物の間に前者が主，後者が従の関係が認められる場合でなければならないというべきであり，…（中略）…引用される側の著作物の著作者人格権を侵害するような態様でする引用は許されないことが明らかである」としている．
[*17] 著作物を引用して利用する側も著作物でなければならないことについては，たとえば，東京地裁平成10年2月20日判決（事件番号：同平成6年（ワ）第18591号）を参照．本来，著作物を引用することは，著作物の複製に該当する．しかし，新しい著作物を創作する上で，既存の著作物の表現を引用して利用しなければならない場合がある．そこで，一定の場合は，著作者の権利を制限して，著作物の引用を認めた（著32条1項）．よって，新たな著作物を創作しない場合に，引用を認めることは著作権法32条の趣旨に合致しない．そこで，著作物を引用して利用する側も著作物でなければならないと解釈されているのである．

❸ 出所の明示（著48条）

著作物を引用する場合は，その引用される著作物の出所を明示しなければなりません（著48条1項1号）．著作物を引用する際に，出所の明示をしなければ，著作権法32条に規定する制限規定の適用を受けられないので，複製権の侵害となります．引用の仕方は，著作権法上は，特に決まりがありません．したがって，引用される著作物の出所が明らかになるように，一般的に行われている方法に従って，出所を明示すれば十分です．

雑誌論文から著作物を引用する場合であれば，著作者名，題名，雑誌名，該当ページおよび発行年を記載すればよく，本から著作物を引用する場合であれば，著作者名，題名，発行者，該当ページおよび発行年を記載すればよいでしょう．もちろん，引用が私的使用の場合は，わざわざ出所を明示する必要はありません．

❹ 翻訳による引用について

著作権法43条2項には以下のように規定されています．

【著作権法第43条2号】　引用して著作物を利用することができる場合は，翻訳により当該著作物を利用することができる．

すなわち，引用して著作物を利用できる場合は，翻訳して引用することもできます．ただし，翻訳に限って認めているので，要約して引用することができるかどうかは判断が分かれています[18]．

❺ 引用と著作者人格権

引用できるとしても，権利の制限規定は著作者人格権に影響を及ぼさないので（著50条），著作者人格権の侵害となる行為をしてはなりません．たとえば，他人の著作物を自己の著作物として公表することは，著作財産権侵害のみならず氏名表示権の侵害となります．

---

[18]　要約引用が許されるとした判例に，東京地裁平成10年10月30日判決（事件番号：同平成7年（ワ）第6920号：判時1674号132頁，判タ991号240頁，百選170頁）がある．それによれば，1）原文の一部を切れ切れに引用することを認めるよりも，要約引用のほうが現著作物の趣旨を正確に反映し，要約引用は社会的に行われている，2）43条2号が引用の許される方法として翻訳のみをあげ，変形や翻案をあげていないのは，これらの引用が通常考えられないところからくるものにすぎず，立法趣旨からすればこれらの場合を排除するものではない，とされている．ただし，この判決が通説というわけではない．

> コラム レポートや論文にインターネット上の情報をコピーする

　最近，インターネットから情報を入手し，そのまま記載してレポートを作成する学生が増えたという話を耳にします．確かに，あるテーマに関して多くの事例を集め，問題を理解するためには，インターネットから入手できる情報は魅力的です．ただし，インターネットに開示された<u>事実</u>に基づいて，自ら独自のレポートを作成するのであればまだしも，インターネットからの情報をそのままダウンロードしてレポートとするのは違法行為です．
　インターネット上にあるコンテンツは，入手が容易なため，その価値を軽視される傾向にあります．しかし，そこに開示されるコンテンツの多くは，大変貴重な著作物（財産）なのです．その著作物を盗用することは，財産を盗むことと同じ行為です．
　著作権を侵害した"違法なレポートや論文"が高い評価を受けられるはずがありません．特に，盗作した元の著作物自体に誤りがあった場合など，盗作したことがすぐに世の中に知れるところとなってしまいます．

7・5・6　保護期間

a．著作者人格権の保護期間　　著作者人格権は，著作者に一身専属する権利なので（著59条），著作者人格権の保護期間は，著作者が生存している期間です．ただし，著作者が存続しなくなった後についても，著作者人格権を侵害する行為は原則として行ってはならないとされています（著60条）．

b．著作権（財産権）の保護期間　　著作権の保護期間は，原則として，著作者が著作物を創作したときに始まり，著作者の死後50年をもって満了します（著51条）．ただし，この期間は，著作者の死後の翌年の1月1日からカウントします．たとえば，著作者が，1999年6月に亡くなった場合，著作権の満了時は2000年1月1日から50年後である2049年12月31日の深夜まで（2050年1月1日の直前まで）となります．

　ただし，著作権の保護期間には例外があります．著者が不明である，無名変名の著作物については，その著作物の保護期間は，公表後50年までとされています（著52条）．また，**団体名義の著作物**については，団体が解散等しないことも考えられるため，その保護期間は，公表後50年までとされています（著53条）．映画の著作物については，公表後70年とされています（著54条）．

7・5・7 登録制度

　先に説明しました通り，著作権は，著作物の創作により発生します．したがって，著作権を得るためには，出願や登録は不要です．しかし，たとえば，著作権（財産権）は譲渡できます．このため，ある著作物の著作権を誰が所有しているか明確にする必要があります．このような目的のため，登録制度が設けられています．

　登録制度には，**実名の登録**（著75条），**第一発行年月日等の登録**（著76条），**創作年月日の登録**（著76条の2），および**著作権・著作隣接権の移転等の登録**（著77条）があります．実名の登録は，無名または変名で公表された著作物の実名を登録するものです．実名の登録をした場合，保護期間が公表から50年で満了せず，著作者の死後50年で満了します．著作権（財産権）の移転は，相続等の一般承継の場合を除いて，登録が第三者対抗要件です．つまり，著作権者から著作権を購入したとしても，著作権が移転したことを登録しなければ，もしその著作権者が第三者にも著作権を譲渡してしまった場合に，その第三者に対して自分が著作権を所有していることを主張できません．ですから，著作権を譲り受けた場合は，登録をすることが望ましいといえます．

　プログラムの著作物については，財団法人ソフトウェア情報センターに申請を行い，プログラム以外の著作物については，文化庁に登録を行います．

7・5・8 出版権

　複製権を有する者（**複製権者**）は，**出版権**を設定できます．出版権を設定できる者は複製権者なので，著作者であっても複製権を譲渡してしまった場合は，出版権を設定できません．出版権は，頒布する目的で，著作物を文書または図画として複製する権利を専有する権利です．つまり，複製権者も出版権を設定すると，設定により定めた範囲については，出版権者以外の第三者に出版させることができなくなります．

　出版権者は，第三者が頒布の目的で著作物を文書等として複製（出版）した場合に，出版権の侵害として，差止請求や損害賠償請求などをすることができます．一方，出版権者には，原稿等を受領してから原則として6カ月以内に著作物を出版する義務や，著作物を慣行に従って継続して出版する義務が生じます．

　出版権は，登録が第三者対抗要件です．つまり，出版権を設定する契約を締結しても，出版権を登録しなければ，複製権者が第三者に出版権を設定した場合その第三者に対抗できません．

7・5・9 著作隣接権

著作権は，著作物を創作した者に与えられる権利です．一方，文化の発展には，著作物を創作する者のみならず，著作物を公衆へ伝える者も重要です．そこで，著作物を伝達する者（**実演家，レコード製作者，放送事業者，および有線放送事業者**）にも**著作隣接権**を与えて保護することとしました．著作隣接権は，実演などを行った時点で発生する権利なので，出願や登録をしなくても発生します．

a．実演家の権利　実演家の例は，歌手や俳優です．ある歌謡曲を例にすると，作詞者および作曲者が著作者で，歌手が実演家であるといえます．実演家には，**実演家人格権**のほか，**許諾権**と**報酬請求権**が認められます．たとえば，実演家人格権が認められるため，実演家は自分の実演について，実演家名を表示するか否か，表示する場合は実名か変名かなどを決めることができます（氏名表示権）．ただし，音楽をバックグラウンドミュージックとして流す場合のように，実演家の利益を害するおそれがなく，公正な慣行に反しない場合は，実演家名を省略できます．

実演家の**許諾権**には，**貸与権**（著95条の3）が含まれています．この貸与権は，実演が録音された**商業用レコード（CD等）**を公衆向けに貸与することに関する権利です．貸与権は，最初にCD等が販売された日から1年間のみ認められます．実演家は，CD等を貸与することを第三者に許諾して報酬を得ることができます．この1年が過ぎた後の49年間は報酬請求権により報酬を求めることができます．つまり，実演から1年を過ぎた後は第三者がCDを貸出等する行為をやめさせることはできません．しかし，その第三者から報酬をもらうことができます．

b．レコード製作者の権利　レコード製作者は，音を最初に録音（固定）した者です．レコード製作者には，許諾権と報酬請求権が認められます．この許諾権には，実演家同様に貸与権が含まれます．

c．放送事業者の権利　放送事業者は，同じ内容を複数の受信者へ無線にて同時に送信する事業者です．放送事業者の権利として，許諾権が認められています．

d．有線放送事業者の権利　有線放送事業者は，同じ内容を複数の受信者へ有線にて同時に送信する事業者です．有線放送事業者の権利として，許諾権が認められています．

7・6 種苗法に基づく品種登録制度

7・6・1 種 苗 法

新品種の開発・育成には，多大な労力を要します．その一方で，第三者は，その新品種を容易に増殖できます．したがって，新品種の育成を奨励し保護するためには，新品種の育成者の権利を保護する必要があります．そこで，**種苗法に基づく品種登録制度**により，新品種を育成した者の権利を適切に保護することとされています．

なお，種苗法は，植物新品種の保護の国際的な条約である **UPOV**（ユポフ）条約（植物の新品種の保護に関する国際条約）に対応するものです．

7・6・2 品種登録出願から登録まで

a．品種登録出願 品種登録出願は，**農林水産大臣**あてに願書（**品種登録願**）を提出することにより行います（種5条1項柱書き）．願書には，出願品種の特性などを記載した**説明書**および**植物体の写真**など必要な書類等を添付します（種5条2項）．品種登録出願は，代理人により行うことができます．品種登録出願の代理は，**行政書士**や**弁理士**がおもに行っています．

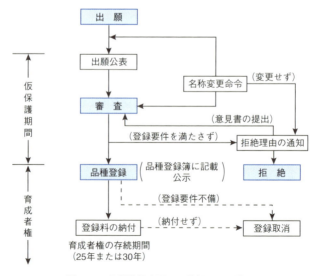

図7・9 品種登録出願から登録までの流れ

出願後，方式審査や**品種名称の審査**がなされます．方式や名称に不備がある場合は，**名称変更命令**が出されます（種 16 条）．

品種名称の審査は，品種名称が登録できない品種名称に該当するか否かについて審査します（種 4 条 1 項）．たとえば，一つの出願品種について複数の品種名称がある場合は登録されません．また，種苗またはこれと類似の商品についての登録商標と同一または類似の品種名称は登録されません．出願品種に関して，誤認や混同を生ずるおそれがある品種名称も登録されません．品種名称の審査は，出願後のみならず，品種登録後にも行われます．

b．出願公表と仮保護　　出願後遅滞なく，品種登録出願は**出願公表**されます（種 13 条）．出願から品種登録まではそれなりの期間がかかりますので，この間は出願人に対して**仮保護**が与えられます（種 14 条）．**仮保護制度**は，特許法における補償金請求権制度のような制度です．すなわち，自己の出願に関する品種の種苗の生産等をした者に対して，警告をした場合であって，品種登録がなされたときは，警告から品種登録までの期間の**利用料相当額の補償金の請求**を，品種登録後に行うことができます．また，警告をしなくても，相手が，出願された品種の種苗等であることを知っていた場合も，利用料相当額を請求できます．

c．特性審査　　出願された品種の特性が登録要件を満たすか否か審査します．この特性審査の際には，原則として，出願された種苗の**栽培試験**を行うなど一定の期間を要します．

品種特性の登録要件は，**区別性**（distinctness），**均一性**（uniformity），および**安定性**（stability）の頭文字をとって，**DUS 試験**ともよばれます．

区別性は，出願された品種がすでに知られたほかの品種と特性などの点で区別できることを意味します（種 3 条 1 項 1 号）．

均一性は，同一の世代に当たる植物体の特性が十分に類似していることを意味します（種 3 条 1 項 2 号）．

安定性とは，繰返し繁殖させても，特性がそれほど変化しないことを意味します（種 3 条 1 項 3 号）．

d．未譲渡性　　未譲渡性とは，出願日からさかのぼって 1 年より前に出願品種の種苗や収穫物を譲渡していないことを意味します（種 4 条 2 項）．なお，外国での譲渡については，日本での出願の日からさかのぼって 4 年（果樹などの木本性植物については 6 年）より前に種苗や収穫物が譲渡されていないことを意味します（種 4 条 2 項）．未譲渡性の要件を満たさない品種登録出願は原則として拒絶されま

す．しかし，試験または研究のための譲渡や意に反する譲渡の場合は，未譲渡性を喪失しないと判断される場合があります（種4条2項但書）．

e．拒絶理由通知 品種登録出願に拒絶理由がある場合は，拒絶理由が通知されます（種17条2項）．これに対して出願人は意見書を提出することができます．意見書によっても拒絶理由が解消されない場合は，出願が拒絶されます．

7・6・3 職務育成品種

種苗法には，特許法における職務発明規定と同様に，**職務育成品種**に関する規定があります（種8条）．職務育成品種に関する権利は，職務発明における特許を受ける権利と同様に予約承継が可能であり，職務育成品種に関して使用者等が品種登録出願をした場合などは，使用者等は相当の対価を受け取る権利が生じます．

7・6・4 育成者権

a．育成者権 品種登録がなされると**育成者権**が発生します（種19条）．品種登録がなされると出願人に通知されるとともに，農林水産大臣により公示されますので（種18条3項）．公示から30日以内に第1年分の登録料を納付する必要があります（種45条5項）．

育成者権者は，品種登録を受けている品種（**登録品種**）および登録品種と特性により明確に区別されない品種を業として利用する権利を専有します（種20条本文）．すなわち，育成者権は，登録品種のみならず，登録品種と特性が明確に区別されない品種まで及びます．「利用」には，**加工品**の生産等も含まれます（種2条5項3号）．したがって，育成権者は，登録品種の加工品等に関する一定の行為についても権利を専有することとなります．

育成権者は，育成権を侵害する者に対し，差止請求（種33条），損害賠償請求，不当利得返還請求および信用回復措置請求（種44条）をすることができます．また，育成者権侵害罪については，一定要件下，刑事罰の対象とされます．

b．存続期間 育成者権の存続期間は，品種登録の日から25年です（種19条2項）．なお，果樹等の木本性植物に関する育成者権の存続期間は，品種登録の日から30年です（種19条2項）．

ただし，各年分の登録料が納付されない場合，品種登録の要件を満たしていなかったことが判明した場合などには，品種登録が取消されます（種49条）．登録料の未納により品種登録が取消されないように十分に注意する必要があります．

c. 利用権の設定　育成権者は，通常利用権や専用利用権を設定することができます．専用利用権は，登録しなければ効力が発生しません．

7・6・5　育成者権の例外

育成者権も特許権と同様，権利の例外が存在し，いくつかの行為については育成者権の侵害とされません．

a. 業としての利用以外の利用　育成者権は業としての利用にのみ及びますから，個人的または家庭的な品種の利用については，育成者権は及びません．

b. 新品種の育成その他の試験または研究のためにする品種の利用　育成者権は，新品種の育成その他の試験または研究のためにする品種の利用には及びません（種21条1項1号）．つまり，新品種を開発するための登録品種の種苗を増殖する行為や，登録品種の特性を調査するために登録品種の種苗を栽培する行為などは，育成者権の侵害とされません．

c. 農業者の自家増殖　農業従事者が正規に購入した登録品種の種苗を用いて収穫物を得，その収穫物を自己の農業経営においてさらに種苗として用いる場合は，一定要件下，育成者権が及ばないとされています（種21条2項）．

d. 権利の消尽　登録品種の種苗を正規に購入等した場合は，その購入した種苗を用いて収穫を得る行為や，加工物を得る行為については，育成者権の侵害とはされません．ただし，得られた収穫物を新たな種苗として用いて次世代の収穫を得る行為については，先に説明した農業者の自家増殖の場合を除いて，育成者権の侵害とされ得ます．

7・7　弁理士法

本書で紹介した知的財産権を取扱うことを生業とする者に**弁理士**がいます[*19]．出願等を通じて弁理士と知り合うことが多いと考えられます．また，**知的財産管理技能検定**においても，弁理士法に関する問題が出題されています．そこで，以下では，**弁理士法**についても簡単に解説することといたします．

[*19]　著作権の登録や種苗登録などの業務は**行政書士**も扱うことができます．もっとも，弁理士資格をもっていれば，行政書士試験に合格しなくても行政書士になることができます．

a．弁理士になるには　弁理士になるためには，**弁理士試験**に合格する，弁護士となる資格を獲得する，または特許庁において審査官等として審査等の事務に7年以上従事した後に，**実務修習**を終了する必要があります（弁理士法7条）．

b．弁理士の業務　弁理士でなければ，特許出願，実用新案登録出願，意匠登録出願，商標登録出願，国際出願（PCT），国際登録出願（マドリッドプロトコル）等に関する書類を作成できないとされています（弁理士法75条，弁理士法施行令8条）．ただし，弁護士は，弁理士の業務を行うことができます（弁護士法3条2項）．

また，弁理士は，出願のみならず，知的財産に関する鑑定，知的財産権に関する一定の契約に関する業務を行うことができます．弁理士は，審決取消訴訟については，**訴訟代理人**となることができます．つまり，弁理士が代理人となって，審決取消訴訟の原告または被告の代理人となることができます．

また，弁理士は，知的財産権に関する侵害訴訟について，**補佐人**となることができます．いわゆる**付記弁理士**は，弁護士と共同で訴訟代理人となることができます．付記弁理士とは，**特定侵害訴訟代理業務試験**に合格して，付記登録をした弁理士を意味します．

c．弁理士登録　弁理士となるためには，**日本弁理士会**に**弁理士登録**をしなければなりません．弁理士登録を維持するためには毎月1万5000円の弁理士会費を支払わなければなりません．

d．秘密保持義務　弁理士は，業務上取扱ったことについて知りえた秘密を守る義務があります（弁理士法30条）．この義務があるため，出願の内容を弁理士に話しても，その内容が秘密の範囲内に維持されるので，新規性などを喪失しないのです．

e．特許業務法人　弁理士は，**特許業務法人**を設立できます（弁理士法37条）．そして，特許業務法人も特許出願など弁理士の業務を行うことができます（弁理士法40条）．ただし，特許業務法人の社員は，弁理士でなければなりません．

索　引

欧　文

AAPA
　　→ 出願人が認めた公知技術
EPC → ヨーロッパ特許条約
Espacenet　83
FI　83
FRAND　115
freedom to operate
　　　　　　　　→ FTO 調査
IDS → 情報開示陳述書
INPADOC　83
IPC → 国際特許分類
IPRP → 特許性に関する
　　　　　　　国際予備報告
J-PlatPat　82
non-provisional application
　　　　　　　　　　　161
NPE → 非実施主体
PAE → 特許主張主体
PCT → 特許協力条約
provisional application
　　　　　　　　→ 仮出願
Public PAIR　83
®　187
Registered　187
The PCT Applicant's Guide
　　　　　　　　　　　155
TLO → 大学技術移転機関
TM　187
Trademark　187

あ，い

INID コード　80
悪　意　13
安定性　219

育成者権　220
意見書　24, 40, 41, 47

意見の聴取の状況　106
移　行　150
移行手続き　154
イ号物件　13
イ号方法　13
維持決定　73
異質な効果　35
維持年金　41, 75, 117
意　匠　176
意匠権　176
意匠制度　178
一事不再理の原則　135
一部継続（CIP）出願　159
逸失利益　130
一致点　33
一般承継　11, 118
一般法　4
意に反する公知　30
委任状　20, 21, 157
委任省令要件　89
医薬用途発明　69
インターネット出願　40
引　用　211
引用発明　48, 50, 85
引用文献　30, 49, 50

う～お

動く標章　183

映画の著作物　207
永久機関　16
営業秘密　3, 198, 199
　　── 侵害罪　201
　　── の国外犯　201
栄養機能食品　70
役務商標（サービスマーク）
　　　　　　　　146, 183
SDI 調査　111
F ターム　83
FTO 調査　111

演奏権　209
延長登録無効審判　135

乙第 1 号証　13
オフィスアクション　158
オブジェクション　159
オープン・クローズ戦略　113
オープン＆クローズ戦略　114
親出願　55
及　び　10
音響商標　183

か

解決手段　15
外国出願　144
開示の状況　106
解　釈　8
回路配置　1
係　る　10
各国工業所有権の独立の原則
　　　　　　　　　　　145
拡大された先願の地位　36
拡大先願　36, 48
加工品　220
過失の推定　130, 171
学会発表　102
過度の実験　162
仮実施権　110
仮出願　155, 160
仮処分　131
仮専用実施権　110
仮通常実施権　110
仮保護　219
刊行物　27
刊行物等公知　26
間接侵害　123
鑑定書　111
慣用商標　192
関連意匠　178
関連意匠制度　178

索 引

き

記載不備 38, 48
期 日 128
技術上の意義 90
技術的意義 33
技術的貢献 90
記述的商標 192
記述要件 161
擬 制 12
基礎的要件 166, 168
寄 託 18
寄託番号 94
技 能 16
機能性表示食品 70
協議の状況 106
行政書士 221
業績評価 103
共同出願違反 43
共同著作物 206
共同発明者 44
業として 119
業務上の信用 182
業務発明 105
虚偽事実の告知・流布行為
　　　　　　　127, 203
挙証責任の転換 171
拒絶査定 23, 24, 62
拒絶査定不服審判 24, 40, 41,
　　　　　　52, 62, 194
拒絶審決 65
拒絶理由 22
　——通知 23, 47
　　最後の—— 24, 52
　　最初の—— 24, 51
許諾権 217
キーワード検索 82
均一性 219
金銭的請求権 186
均等侵害 124
均等論 124
勤勉性 45

く, け

具現化 17, 44, 45
グッドウィル 182
国等の資料の転載 213
区別性 219

組物の意匠制度 179
グレースピリオド 162
経過措置 4
警 告 116
警告状（警告書） 127
刑事罰 131
係 属 22, 55
継続出願 159
継続審査請求（RCE） 159
見解書 154
権 原 12, 129
権 限 12
原 告 128
原告側の証拠 13
原産地等誤認惹起行為 202
原出願 55
現地代理人 146, 156
顕 著 35
限定要求 158
限定列挙 25
原 簿 116
憲 法 4
権利一体の原則 122
権利の一部放棄 160
権利の濫用 128

こ

項 10
号 10
考 案 165
効 果 10
公開公報 74, 75
公開特許公報 75
合議体 24, 134
工業所有権法 1
甲号証 132
公告特許公報 74
公衆衛生 37
公衆送信権 210
口述権 210
交 渉 128
公序良俗 37
更 新 196
構成要件 28, 122
公然知られた発明 27
控 訴 7
甲第1号証 13
公 知 26

公知技術 125
　——の抗弁 126
公知文献 30
口頭審理 134
後発医薬品 70
公表権 208
公表特許公報 77
公 布 4
抗 弁 137
公 用 26
顧客吸引力 182, 186
国際公開 152
　——の言語 153
国際公開公報 77
国際事務局 152
国際出願 150
国際段階 150
国際調査 151
国際調査見解書 77, 152
国際調査報告（サーチレポート）
　　　　　　77, 81, 152
国際特許分類（IPC） 83
国際予備審査 153
国際予備報告 154
国内移行手続き 154
国内出願の束 151
国内優先権 59
国内優先権主張出願 21, 149
国内優先権制度 57
子出願 55
誤認惹起行為 202
コピープロテクション 212
コンピュータ・ソフトウェア
　関連発明の審査基準
　　　　　　（CS基準） 67

さ

債権者 131
再公表公報 77
再審査請求 160
栽培試験 219
再発行出願 160
裁判官 7
裁判所 6, 7
裁判所事務官 7
裁判所書記官 7
裁判所調査官 7
裁判を受ける権利 4
債務者 131

索　引

差止請求権　129
サーチレポート（国際調査報告）
　　　　　　　77, 81, 152
査　定　23
サービスマーク（役務商標）
　　　　　　　146, 183
作用効果　124
産業財産権法　1
産業上利用できる発明　25
産業の発達　2
三極合意　17
34条補正　153
三審制度　7

し

CS基準 → コンピュータ・ソフトウェア関連発明の審査基準
ジェネリック医薬品　70
識別コード　80
事業の準備　138
資金の提供者　43
事件番号　13
試験または研究のための実施
　　　　　　　140
施　行　4
施行期日　4
示　唆　33
自然法則そのもの　16
思想または感情　204
自他商品・役務の識別機能
　　　　　　　184
実演家
　　――人格権　217
　　――の権利　217
質　権　109
実験成績証明書　142
実　施　90, 119
　　試験または研究の
　　　ための――　140
実施可能要件　89, 161, 162
実施許諾　108, 187
実施行為独立の原則　119
実施料　109
　　――収入　108
　　――相当額　130
実施例　80
実体審査　22, 177, 191
実体補正　51
実務修習　222

実用新案技術評価書　165, 170
実用新案権　169
実用新案公報　169
実用新案登録　166
　　――が無効になった場合
　　　　の損害賠償責任　171
　　――請求の範囲　166
　　――に基づく特許出願　169
　　――無効審判　170
実用新案法　165
指定商品・役務　182, 189
私的使用のための複製　211
支分権　208
自明な事項　54
氏名表示権　208
謝　金　41
19条補正　152
従属クレーム　80
従属項　80, 88
周知期間　4
周知表示混同惹起行為　201
自由発明　105
出　願
　　――公開　21, 57
　　――公開の請求　22
　　――広告制度　75
　　――書類　21
　　――審査請求　22, 39
　　――審査請求料　39
　　――に係る発明　10
　　――の分割　55
出願人が認めた公知技術
　　　　　　　（AAPA）　162
出所の明示　214
出所表示機能　184
出版権　216
種苗法　1, 218
　　――に基づく品種登録制度
　　　　　　　218
受理官庁　151
準公知　36
準備書面　128
準　用　12
条　9
上映権　210
上演権　209
商業用レコード　217
消極的効力　118
使用許諾　187
商　号　112, 183
上　告　7

上申書　21
消尽論　120
上　訴　7
譲渡権　210
譲渡証　43, 157
使用による特別顕著性　193
商　標　181, 182
　　――調査　112, 188
　　――登録異議申立　197
　　――登録出願　189
　　――登録無効審判　197
　　――の使用　185
商標権　3, 185
　　――更新登録　196
　　――存続期間の更新　196
　　――の設定登録　195
商品及び役務の区分　183, 189
商品形態模倣行為　181, 202
商品商標　183
商品等表示　201
情報開示陳述書（IDS）　161
条　約　6
条約違反　38
省　令　5
食品の用途発明　70
職務育成品種　220
職務著作　206
職務発明　20, 104
助言者　43
人為的取決め　16
侵害行為を組成した物　130
侵害防止調査　111
侵害予防調査　111
新規事項を追加する補正
　　　　　　　38, 52, 170
新規性　25, 48, 177
　　――がない　28
新規性喪失の例外　30, 162, 180
審　決　24
審決取消訴訟　7, 65, 135
審査官　6, 25
審査官心得　25
審査官補　25
審査基準　5
審査請求　22, 23, 57
審査前置　63, 64
審査対象　85
審　尋　131
審　判　24
審判官　6, 25
審判事件の表示　63, 132

索引

審判請求書 132
審判請求人 63
審判長 134
審判廷 134
進歩性 32, 48
　──判断 33, 35
信用回復措置請求権 131, 203
信用棄損行為 203

す〜そ

推定する 12
図面の簡単な説明 96

請求棄却審決 24, 65, 135
請求項 86
請求人適格 132
請求認容審決 24, 65, 135
請求の趣旨 63, 132
請求の理由 63, 133
成功報酬 41
生産方法の推定 121
正当な権原 129
生物関連発明 17
成　立 4
政　令 5
積極的効力 118
　──の制限 119
善　意 13
先願主義 35
宣言書 157
先行技術文献の開示通知 51
先行特許調査 83
先行文献 30
　──調査 40
　──開示要件 90
全指定 151
前　条 12
先使用権 137
　──の範囲 138
先使用の抗弁 137
宣誓書 32
選択図 96
宣伝広告機能 184
専門委員 7
専用実施権 108
専用使用権 187
専用利用権 221

相違点 33

早期公開制度 22
早期登録制度 169
創作的 204
創作非容易性 177
相　続 11
相当の対価 105
相当の注意 171
相当の利益 105
　──に関する異議申立制度 108
阻害要因 33
属地主義 144
訴　訟 128
訴訟代理人 128, 222
その他の 11
損害賠償 85
損害賠償請求権 130
存続期間 70, 117, 169

た, ち

対応外国出願 145
対応外国特許 145
対応米国出願 145
大学技術移転機関（TLO） 2
第二医薬用途発明 69
タイムチャージ 146, 156
貸与権 210, 217
ただし 11
但　書 11
単純方法の発明 19
団体商標 185
団体名義の著作物 215
単なる情報の提示 17, 68
タンパク質の立体構造の
　　　　　　　　特許性 17

地域団体商標 185
地域ブランド 185
置換可能性 126
知財高裁 7
知財集 8
知財 DD
　（デューディリジェンス） 110
知的財産 1
知的財産管理技能検定 221
知的財産権法 1, 165
知的財産高等裁判所 7
着　想 17, 44, 45
直接的かつ一義的 53

著作権法 1, 203
著作権保護期間 207, 215
著作者 206
　──人格権 207, 208
著作物 203
著作隣接権 217
著名行為冒用行為 202

つ, て

通常実施権 109
通常使用権 187
通常利用権 221
2パート形式 163

TRIPS 協定 → 貿易関連知的
　　　所有権に関する協定
ディスクレーマー 160
訂　正 170
　──証明書 160
　──審判 134, 135
　──請求 73, 134
締約国 150
DUS 試験 219
適　用 12
デクラレーション 157
デザイン 176
データベースの著作物 205
手続補完書 189
手続補正書 24, 40, 41, 47
電気通信回線 27
電子化手数料 38, 189
展示権 210
伝達権 210

と

同一性保持権 208
動機づけ 35
当業者 33, 90
動的意匠 180
答弁書 134, 153
同盟国 150
登録（著作）216
登録品種 220
登録料 166
特性審査 219
独占権 118
独占的通常実施権 109

索　引

特段の事情　125
特定承継　12, 118
特定侵害訴訟代理業務試験
　　　　　222
特定保健用食品　70
特別取極　150
特別法　4
　——は一般法に優先する　4
独立クレーム　80
独立項　80, 88
独立特許要件　136
特　許　2, 19
　——証　117
　——庁　6, 97
　——調査　81
　——庁長官　6
　——弁護士　156
　——料　41, 42, 75, 117
　——を受ける権利　20
特許異議申立制度　71
特許異議申立人　72
特許業務法人　222
特許協力条約（PCT）
　　　　　6, 144, 150
特許掲載公報　22, 74, 117
特許権　14, 116
　——侵害訴訟　116
　——の効力　118
　——の効力範囲　84
　——の設定の登録　116
　——の存続期間　117
　——の発生・消滅　116
特許原簿　116
特許公開公報　74
特許公報　2, 74
特許査定　23, 24
特許主張主体（PAE）　113
特許出願　20
　——人　42
　——料　38
特許情報プラットホーム
　　　　　（J-PlatPat）　82
特許審決　24, 63, 65, 116
特許請求の範囲　84
特許性に関する国際予備報告
　　　　　（IPRP）　152
特許登録原簿　116
特許と業績　97
特許の崖　70
特許発明　118
　——の技術的範囲　84, 123

特許不実施主体（NPE）　113
特許付与　20
特許無効審判　74, 128, 132
取消決定　73
取消審判　197
取下擬制　22

な　行

内外人平等　145
内国民待遇の原則　145
並びに　10

二次的著作物　205, 210
　——に関する許諾権　211
　——に関する権利　208
日本国憲法　4
日本弁理士会　222

ノウハウ　3, 199

は，ひ

排他権　118
配列表　94
柱　書　10
発　見　16
発　明　14, 15
　——のカテゴリー　18
　——の単一性　22
　——の本質的部分　125
　——の名称　81, 94
　公然知られた——　27
　産業上利用できる——　25
　単純方法の——　19
　方法の——　18
　物の——　18
　物の製造方法の——　18
発明者　42
パテントクリアランス調査
　　　　　111
パテント・クリフ　70
パテント・トロール　113
パテントファミリー　83, 145
パテントポートフォリオ　111
パテントマップ　112
パリ条約　6, 144
パリルート　144
判決番号　13

判　定　123
頒布権　210
判　例　8
判例公刊物　8
比較例　80
非公知性　199
被　告　128
　——側の証拠　13
　——の物件　13
　——の方法　13
非実施主体（NPE）　113
PCTルート　144
ビジネス・エコシステム構造
　　　　　114
ビジネス関連発明　66
　——の事例集　67
ビジネスモデル特許　66
非自明性　152, 159
微生物の寄託　18, 94
秘密意匠制度　179
秘密管理性　199
秘密保持義務　222
評価書→実用新案技術評価書
評価書制度　170
表現したもの　204
標準化　114
標準額表　40
標準文字　189
標　章　182
品質・質保証機能　184
品種登録出願　218
品種名称の審査　219

ふ，へ

ファイナルアクション　159
付記弁理士　222
不競法　198
複合優先　149
複数優先　149
複製権　208
　——者　216
不公正行為　161
符号の説明　96
不使用取消審判　197
不正競争防止法　1, 198
附　則　4
普通名称　191
物件提出書　96

索引

物質特許　19
物品の形態　176
不当利得返還請求　131
部分意匠　180
　── 制度　176
部分優先　148
ブランド力　181
フリーライド　186
府　令　5
プログラムの著作物　207
プロダクト・バイ・
　　プロセス・クレーム　19, 71
分割出願　24, 50, 55, 64, 158, 160
分割納付制度　195
文芸等の範囲に属する　205

米国出願　155
米国特許　83
米国特許商標庁　83, 157
ベストモード　161, 162
別　表　5
編集著作物　205
弁理士　20, 25, 221
　── 試験　4, 222
　── 登録　222
　── 法　221
　── 報酬　38

ほ

貿易関連知的所有権に関する
　　協定（TRIPS協定）　6
包括委任状　20
防護標章制度　185
方式審査　21, 169, 177, 189
方式的要件　166
方式補正　51
報酬請求権　217
法人著作　206
放送事業者の権利　217
包袋禁反言　126
法的拘束力　5
法的三段論法　10
冒認出願　42
方法の発明　18
法目的　2

法　律　4
法律不遡及の原則　4
法　令　5
法令集　5
補完命令　189
補佐人　222
補償金請求権　22, 110, 139
補助者　43
補　正　24, 51, 54
補正却下後の新出願　177
補正却下不服審判　177, 195
翻案権　210
本案訴訟　131
本意匠　178
本質的部分　124
本　文　11
翻訳権　210

ま 行

孫出願　55
又　は　11
マルチクレーム　158
未完成発明　17
未譲渡性　219
みなす　12
民　集　8
無効審判　132
無効理由　133
無体財産法　1
無体集　8
明確性の要件　86
明細書　89
名称変更命令　219
明白な無効理由　128
命　令　5
若しくは　11
文字商標　183
物の製造方法の発明　18
物の発明　18
模　倣　202
文言侵害　122

ゆ, よ

優先期間　146

優先権　58, 144, 146
　── 主張　147, 149
　── 証明書　21, 149
　── 制度　145
有線放送事業者の権利　217
有用性　199
UPOV（ユポフ）条約　218
Euro-PCT出願　163
容易想到性　126
要　件　10
要旨変更　53, 54, 195
用尽論　120
用途発明　16
要約書　96
ヨーロッパ特許条約（EPC）
　　　163

ら～わ

ライセンス → 使用許諾
ライセンス収入　108
ラボノート　45
　── 記載規則　46
利害関係人　132
リサーチツール特許　142
リジェクション　159
立体商標　183
利用権　221
領土主権　144
両罰規定　132
類　似　193
類似商品・役務審査基準　193
例示列挙　25
レコード製作者の権利　217
ロイヤルティ収入　108
ロ　ゴ　181
　── マーク　182
ロ号物件　13
ロ号方法　13
論理づけ　35
和　解　129

廣瀬　隆行（ひろせ　たかゆき）
1974年 北海道に生まれる
1996年 東京大学教養学部基礎科学科 卒
1998年 東京大学大学院総合文化研究科
　　　　修士課程修了
廣瀬国際特許事務所弁理士
知的財産関係専門委員

第1版 第1刷 2005年6月20日 発行
第2版 第1刷 2011年4月 1日 発行
第3版 第1刷 2018年4月 2日 発行

企業人・大学人のための
知的財産権入門（第3版）
──特許法を中心に──

© 2018

著　者　廣　瀬　隆　行
発行者　小　澤　美奈子
発　行　株式会社 東京化学同人
東京都文京区千石3-36-7（〒112-0011）
電話 03(3946)5311・FAX 03(3946)5317
URL: http://www.tkd-pbl.com/

印刷・製本　新日本印刷株式会社

ISBN 978-4-8079-0890-5　Printed in Japan
無断転載および複製物（コピー，電子
データなど）の配布，配信を禁じます。